U0561778

自爱的力量

[德] 西尔维娅·哈尔克
（Sylvia Harke）　著

张林夕　译

回归自己，重拾对生活的信心，
建立充满爱和信任的关系

北京时代华文书局

此书献给那些长期以来一直努力寻觅更高心域的人们。也许你常常问自己：如何更加自爱？充满爱意的关系究竟存在吗？这里将会给你答案，无论你经历过什么，无论你受到过什么伤害，无论你的童年是何种模样……

你值得被爱
你可以爱人

目　录

第 **2** 章 温柔地审视你的童年创伤

第 **4** 章

你的意志力：加强自我、本我和真我

第 **5** 章

你的心房：释放爱的能量

第 **6** 章　你的关系网：修复关系

第 7 章

你的灵魂空间：精神层面的自爱

序篇

当你手中捧着这本书时，试着问自己这些问题：一颗受伤的心应该如何被治愈？我应该如何爱自己、接纳自己？

我的许多读者心里都会充满疑惑，还掺杂着一点好奇，悄悄拷问自己：究竟能够学会自爱吗？我必须提前说明：是的，每个人都可以学会自爱，并自我治愈心里的伤痕！

我们都在尽自己所能过上更好的生活。根据我的经验，自爱是实现自我发展最坚实的基础。从职场到个人健康、亲密关系、家庭关系，抑或是心智发展，这条定律适用于我们生活的方方面面。无论你是想要戒烟、结束一段失去爱的关系，还是渴望表现你的创造潜力，自爱都能给你力量。

许多人担心自己在学习自爱后会变得自私，这种担心是毫无根据的。相反，学会自爱是寻找给予和接受之间的微妙平衡、获得我们与生俱来爱与被爱的权利的方法。我们都有自我治愈的能力，因为爱自己的源泉已经深藏于我们的内心深处，让我们可以不去计较别人的评论和看法、不计较别人是否喜欢自己。

在通向我们内心源泉的路上仍有很多问题，我在这里列举一些，也许其中有些问题是你很熟悉的。

哪些问题你偷偷地问了自己？又有哪些问题让你夜不能寐呢？

- 如何接纳自己本来的样子？
- 如何抑制自我批评的声音？
- 如何接纳自己的身体？
- 如何发现并承认自己的美？
- 如何学会不要总是对自己苛责？
- 如何抑制自我否定？
- 我总是自暴自弃地逃离亲密关系，该如何解决？
- 如何在过度情感依赖中解放自己？
- 当我经历了背叛之后，如何重建信任体系？
- 我有童年缺少被爱的经历，该如何激活我的自爱？
- 如果我的父母独断专行，我该如何爱自己？
- 我该如何从痛苦中走向爱？
- 如何营造一段充满爱的关系？
- 如何克服自己的控制欲？
- 如何放下旧情及旧伤？
- 如何再次学会敞开心扉？
- 怎样才能原谅那些伤害过我的人？

这本书为你提供了远不止于此的答案。它将带你走过一段心灵之旅，让你的内心更强大。同时，每段旅程都是独一无二的，因为每个生命、每一个人都是无可取代的。

在你愿意交出信任，随我走上这条自爱之路前，你可能会想问：作者究竟是谁？作者有何经历才写下了这本书？下面请允许我先自我介绍一下。

我的自爱之路

我的自爱之路始于不堪回首的失恋经历。在我还是一个年轻女孩时，接连爱上了两个难以接近、疏离冷淡的男人，他们都情绪稳定、心智成熟，但却在处理亲密关系时很成问题。我那时很痛苦，但也因此决定开始自我提升。因为似乎我们不需要培养（或学习）爱情，爱更像是一种记忆，在我们拆解心中的一团乱麻时会被触发。

当时我正在读心理学，直觉告诉我学术世界并不能再为我带来什么了，但是情感疗愈可以。于是我开始寻找疗愈方法。我先是参加了一些关于呼吸疗法的研讨会，后来又参加了自我意识小组，这让我意识到一些童年时留下的深层创伤。那些伤口仍然留在我的"内在小孩"身上，从未愈合。我也理解了我的运势，解释了我曾经的伤痛和失去。但是不仅于此。我想起在很小时，我就难以接受自己纤弱的身体，也从不认为自己美。青春期的我是个书呆子，喜欢艺术。那段时期，我是个边缘人，没有人懂我在追求的精神世界。而我的同学们更多专注于聚会、男孩子和其他青春期问题。

高中毕业之后我开始读心理学专业，但在与他人打交道时仍然缺乏安全感和松弛感。所以我决定踏上自我认知的道路。呼吸疗法是我的第一步尝试，之后我还学习了系统式家庭疗法、神经语言程序学（NLP）、依附理论及萨满文化。完成学业之后，我搬到了博登湖旁，并在那里认识了我的丈夫。之后的很多年我一直从事心理学研究和心灵导师的工作，也会写书、开网课。这么多年来，我对爱的追寻从未停止，我也从未有片刻失去对爱的信心，嗯……至少大部分时间吧。

多年来，我一直在通往自爱的道路上前进，也处于一段充满爱的亲密关系当中。以前，我一度认为自己很强大、很坚定，但2022年却给我带来了新一轮的冲击和伤害。一瞬间，我觉得自己的精神状况仿佛又倒退了很多年，回到了最初的状态。这个经历也让我更能体会你的心情，我的读者。我回想起了自己成长道路的开始，也再次意识到迈出自爱的第一步，将失望、背叛和伤害抛之脑后是多么困难。

不只是童年创伤会给我们的心灵套上枷锁，作为成年人，工作中的欺凌、遗产纠纷、家庭矛盾或是亲故的逝去都可能让我们深受伤害。所有这些不愉快的经历都会给我们带来冲击，让我们不得不关注自爱问题。

本书是我以一位心理学家的视角撰写而成的，其中不仅包括理论知识，也包括我自己的心路历程。从专业的角度来看，我对"自爱"的研究包括了深度心理学、催眠疗法、依恋和发展心理学及超个人心理学。此外，在讨论诸如心智和宽恕等相关研究课题时，我则会将祖先们的古法与现代科学研究相结合。

我的一些客户会向我倾诉与自爱相关的话题，这些对话也让我在心理学维度上有了更宝贵的认识。最后，感谢所有参与我的线上自爱计划或写信向我讲述个人故事的人。正是这些非常具体的故事和生活经历充实了这本书。你会在接下来的章节读到这些故事，它们像一面镜子，让你更好地认识自己。

什么是你寻求爱的触发点

每一次的自爱之旅都始于一段痛苦、一次受伤或一瞬间的顿悟。也许是失恋，也许是让你意识到自己处于有毒关系中的痛苦经历，也许是被拒绝的体验，或是失去的伤痛。被欺负、被孤立或是疾病都有可能让我们变得脆弱，引发强烈的心理波动。这些痛苦的经历让你强烈渴望寻求爱，也让你触碰到自己的真实内核。

安雅：一个儿子对犹豫不决的母亲的呼喊

在我人生的很长一段时间中，我都只根据别人的需求认知、行事、做决定或计划。总是只看别人的好，总是在原谅、宽容他人，只为了大家都高兴。当我猜测到别人需要什么，而且我又能提供这些东西时，我就会感觉很满足。

不幸的是，我在婚姻中也被迫保持这个状态。我们是闪婚，我的丈夫喜怒无常，多年来一直在言语和心理上打压我。他对自己有种种借口，让我一直认为只要我给予更多的爱，就可以帮他治愈糟糕的童年创伤。所以我陷入了自我高估的状态。虽然我一直声称"我爱自己，且接纳自己"，但实际上我对自己的爱太少了，难以维护自己的底线。最终我变得只为别人而活，几乎变成了无谓的自我牺牲。

在我学会解放自己之前，我的孩子们给我带来了深深的冲击。他们的痛苦比我自己感受到的痛苦更能刺入我心。我9岁的儿子绝望地对我大喊：妈妈应该和爸爸分开，不然日子只会越过越糟。那时，我被深深触动了。

通过对孩子们无条件的爱，我感知到了自我的价值和我的内在小孩。这是我自爱之路的开始，现在也仍然在路上。我喜欢把这段旅程描述为"踩上了七联战靴"（Seven-league boots）（"七联战靴"出自欧洲民间传说。相传这双靴子可以让人一步迈出七个联赛，步履如飞。——译者注），仿佛有了助力。

许多人都需要一个强有力的触发点来走上自爱的道路。但是你不必非要等到孩子向你大喊大叫，朋友们摇着你的肩膀，或是生了病、被拖离了正常生活轨道时才行动。这实际上是在默默等待外界的许可才允许我们善待自己；或者等待一场灾难来警告我们：不能再继续这样下去了。你准备好聆听生活的信号了吗？它们可以来自你的生活，也可以直接来自你的内心，来自一种强烈的渴望。

对自爱的唤醒同时也是一种精神上的召唤，让我们去探索自己的信念边界，也为更高层次的真理腾出空间。只要我们感到空虚，就说明我们与自己的真实自我仍有距离。而我们的真实自我就是爱。

　　自爱是一种自我选择，要利用每一个触发点、每一段痛苦经历去推动这个选择。我们非常需要意识到自己是可爱的，值得拥有快乐和满足的生活，不论成就。正是内心对爱的深深渴望让我们不愿停下脚步，好像远方有一颗闪亮的星星神奇地吸引着你，让你继续追寻，直到找到自己心底爱的源头。爱的源泉就藏在那里，这是一个取之不尽的力量磁场，可以帮你治愈旧伤。

　　所有在情感上伤害过你的东西，总有一天都会像贝壳中的珍珠一样熠熠生辉。这种转变即是自爱的炼金术。受过的伤害是你的起点，你将体会到自己内心深处的转变，最终成为真实而又充满爱的存在。

　　这种神奇的英雄之旅其实是集体经历的一部分。但很多人被卡在半途，因为痛苦和失落似乎太难以战胜了。然而，你不必害怕悲伤或愤怒的情绪，所有这些感受都属于你，是你的财富，也是你生命力的一部分。

　　这本书将陪你一路走到最后，伴你实现转变，然后像一只美丽的蝴蝶一样翩翩飞走。你不必一直困在茧里。我想请你也把痛苦看作是进入自爱之旅的邀请函。你并不孤单，我们将并肩前行。

我们可以通过自爱学到什么

　　为了让你感到自己值得开启自爱之旅，我为大家准备了一个很棒的惊喜。我同我的线上自爱加强课参与者们一起创作了一首美妙的诗，改编自查理·卓别林（Charlie Chaplin）的《当我开始爱自己》（*As I Began to Love Myself*）。有很多人参与这项活动，也留下了他们的诗句。阅读这些关于自爱的诗句，从中获取一些启发和激励吧。

当我开始爱自己

当我开始爱自己
世界于我变得更生机勃勃、多彩美丽
开始用强大的内在力量
拥抱挑战和他人

当我开始爱自己
替我的需求腾出了一间小屋
像被施了魔法
沉睡已久的天赋和能力又被唤醒

当我开始爱自己
我描绘出内心的冲动
心扉敞开
清晰可见

当我开始爱自己
我重新允许自己

爱上真正重要的东西

再无旁骛

当我开始爱自己

生活神奇地变得平顺

坎坷磨平

一切如意

当我开始爱自己

万物与我都生出了联系

无所适从

不复存在

当我开始爱自己

我想与人分享

爱、信仰与力量

将信心传递

当我开始爱自己

我看见了自己的需求

远离负面

冒着未知的风险

当我开始爱自己
我原谅了从前的不自爱与自我否定
接纳了对他人的无限宽容
开始追问究竟什么于我才是真实

当我开始爱自己
我学会跳离心绪的旋转木马
学会信任
我纵身一跃
看到了更宏大的光景
是暖，是爱

当我开始爱自己
停止苛责自己与他人
我是自己的中心
将生活从恐惧中夺回
更勇敢，敢抗争
会放手，能原谅

当我开始爱自己
目光变得敏锐
心境走向超脱
不再拒绝帮助

我坚定地站在
我和我的决定身旁

当我开始爱自己
学会了无为并非无成
功禄显赫也并非价值非凡
无价的是爱与自我接受
正如我现在这样

当我开始爱自己
不再频繁分散注意力
画画
重拾那些早已被我遗忘的爱好

当我开始爱自己
我也更会爱人
并非被迫，并非义务
只是自爱给我的内在力量
足以让我予人玫瑰
如今我知道
这是大爱的模样

自爱测试

自爱测试由两部分组成。在第一部分中，让我们来看一下你的自我认同在哪些方面过低，即缺少自爱。第二部分则是了解你的自我认同在哪些方面达标，即足够自爱。

第一部分：你缺少哪些自我认同

请阅读以下陈述，如果回答为"是"则打"√"，最后计算"√"的总数。

1. 当我早上照镜子时，总对自己不满意，总觉得自己还不够好看，需要变得更好。

2. 有时我害怕在人际交往时展现真实的自己，恐怕自己会出丑。

3. 当我表达自己的需求和感受时，总怀疑自己是否过于自私。

4. 我很难说"不"，也不敢与众不同。

5. 在职场和生活中，我很难自信地应对批评。

6. 我常觉得自己不知道人生中想要什么。

7. 我经常把自己和他人比较，并感到失落。

8. 我很难意识到自己的需求。

9. 因为我不能做自己，所以总要在人际关系中付出额外的精力。

10. 在人际交往中，我经常做出牺牲，却得不到对等的回报。

11. 我不能放松下来，因为我总觉得我必须达到什么目标。

12. 我不能独处，总是需要有人在身边。

13. 我不觉得自己是值得被爱的。

14. 因为担心自己会孤身一人，我在友谊和亲密关系中做了太多妥协。

15. 我经常被内疚感和不安全感困扰。

16. 当我犯错时，我会不停地自我谴责。心中的声音告诉我要把事事都做到完美。

17. 我总是很难相信别人的赞美、对我工作的欣赏或认为我有魅力。我怀疑他们不是真心的，他们只是想控制我，或是不了解我。

18. 我很难认真关注自己的身体健康。

总分：————————

评价解析

1~6 分：哇哦！

祝贺你！你的生活中只有少数方面自信心不足。仔细回顾一下它们，如果解决了这些问题，就没有什么可以再阻碍你了。之后你就可以自信满满地过上自己梦想中的生活了。

7~12 分：小心！

在你的自画像中，有一些信号显示你的自信心不足。细细想一下生活上的哪些方面受到了影响。希望你可以敞开心扉，学会自爱，更相信自己是值得被爱的。你对自己的质疑太多了。如果你有针对性地加强自信，会在接下来的人生道路上获得更多安全感和满足感。

13~18 分：预警！

在这个测试中你对许多陈述的回答都是肯定的，这显然表明你的自我画像十分消极，你的自我认同感很低，也许是经历了很多负面事件。振作起来！看到本书，你已经选择了正确的道路，勇敢地敞开心扉，这个测试结果是可以改变的。你需要得到支持，消灭心中自我批评的声音，将消极的自我认知转变为积极的自画像。

第二部分：你拥有哪些自我认同

请阅读以下陈述，如果回答为"是"则打"√"，最后计算"√"的总数。

1. 我很清楚自己的才能和特长是什么。

2. 我活得很轻松，因为我相信我能获得自己想要的。

3. 我在亲近他人的时候还能保持自我。

4. 我可以很好地说"不"，即使会让别人失望。

5. 当我不喜欢某件事时会直接说出自己的想法。

6. 我接纳自己现在的样子。

7. 我知道在生活中想要什么、不想要什么。

8. 我根据自己的需要做决定。

9. 我对自己的身体很满意。

10. 在人际交往时，我是真实且自信的。

11. 我可以接受表扬和赞美。

12. 批评确实会干扰我，但我可以很好地处理，并再次轻装前行。

13. 我对自己的生活感到满意。

14. 当别人或某个人生阶段与我不合适时，我可以很好地放手。

15. 我应对考试或公开场合都可以保持冷静、自信。

16. 我可以坦然地展露自己的脆弱。

17. 在照镜子或看自己的照片时，我没有负面情绪。

18. 我的直觉很准，且相信自己。

19. 在人际关系中我可以与他人平等相处。我与身边的人互相喜
    爱、相互尊重。

总分： _____

评价解析

1~6 分：哎呀！

你的自尊心被大大贬低了，急需加强。回顾一下第一部分的问题，看看自己生活中的哪些方面受到了不自信的影响。但请不要责怪自己，这只是由于你童年或近期没有从家庭中得到足够的爱所导致的。当你认识到问题所在时，开始多关注自己吧。

建议再回顾一下你回答"否"的问题，想一想：如果将这些描述都变为现实，你的生活将变成什么样子？你的心情将会变得怎样？与现在相比会有什么不同？这将是你继续阅读本书的动力。

7~12 分：有趣！

你的自信心处于中等或是良好水平。你能认识到自己的长处，但仍对自己的自我价值不够肯定。你可以探索一下生活中哪些事情因不够自爱而失去平衡。你已经踏上了一条正确的道路，继续加强自我认同会让你在工作和人际关系中更快乐、更满足。回顾一下第一部分的问题，看看你的自画像中仍有哪些是负面的。

13~18 分：恭喜！

你的自我认同感很强，也非常自爱。你知道自己的长处在哪儿，也基本对自我价值十分自信。你很可能成为领导者，或是极度受欢迎的人。你在你的工作领域很有竞争力。这样的积极心态使你能够成为他人的榜样，激励启发身边人。加油！

自爱是自我吗

许多人都担心自己在学会自爱的道路上变得自我，这种担心是多余的。在本书中，我们会仔细对比自我是什么、自爱是什么，如何在精神层面上避免自我主义和自私自利。

发展自爱并不是要变成一个自我主义者，而是增强你的内心力量。你的内心领地不仅限于自己，也包括周围的人，例如朋友、伴侣和家人。孤独的自爱并不能使人变得快乐，和谐的关系才会使人快乐。这意味着我们要寻求一种平衡，一方面要照顾到自己的需求，另一方面则要加强与他人的沟通与联系。

但是当你在改善人际关系之前需要先向内转，聚焦于你的"内在小孩"和那些伴随你成长的重要印记。对自己说"是"可以让你进入一个全新的意识空间，让你改变、治愈或化解所有正在折磨你的东西。

爱是我们的本能

我们重新唤醒自己的内心本能自然就会得到自爱。然而，当我们忘记那个本能，自爱就会被负面经历和心灵创伤磨灭。

许多神经活动是野生动物没有的，例如自我怀疑、过度恐惧或竞争心理。如果你观察过某个动物，例如一只美丽的天鹅，你就会发现它是如此优雅自然地存在于自己的生活环境中。一匹自由自在的骏马，它可以如此自信地散步、奔跑、跳跃或与你互动。但动物也会受到创伤。比如一只小狗被忽视或遗弃后，它就会躁动不安；当它来到新主人的身边时，会像海绵一样努力吸收主人的爱意。受过虐待的动物在进入新环境时，起初总会有惊慌的反应。它们需要大量的爱意和耐心才能恢复正常的行为和活动，完全融入新环境。

这与我们人类的情况类似。如果我们过去曾被忽视、受到过情感伤害，或是受到欺凌和贬低，就需要全新的、积极的经历来恢复我们最自然的生命状态。

也许你也懂这种感觉，你的心很痛，好像有一块沉重的大石头压在上面，让你几乎无法呼吸。这些信号告诉你，你关于爱的心域受到了伤害，必须处理悲伤或失落。深呼吸，感受你的感受，重新用爱呵护自己，你的心就能从这种痛苦中恢复过来，重新敞开心扉。

在自爱的状态下，我们可以更好地满足自身的需要。要考虑自己的身体需要什么来保持活力。当你的心再次拥抱自爱时，你会停止通过诸如成瘾行为、破坏式关系或自我忽视来伤害自己。比如当你更珍视自己的时候就会有更大的动力去戒烟。诚挚的自爱也能支持你实现自我职业愿景和创造性的目标。再没有什么理由迫使你隐藏自己或者因为差耻而逃避。你可以替自己发声，展示自己。

有了自爱的力量，你可以更好地划清界限，学会说"不"。随着时间的推移，这将变成一种自然本能反应，你也不再感到愧疚。

什么是爱

爱是我们的意识活动，因此当我们深受触动、用心体会或感到不安时会把手捂在心口。爱就是认识到你即是爱的自然现象。在自爱的状态下，我们将离开空虚、怀疑和克己的意识空间，回到我们第一天来到这个世界上时所拥有的原始状态。

我们也许生活在一个充满痛苦、极端和破碎的现实当中，但所有这些的背后也藏着大大小小充满爱的故事。当我们铭记这一点时就不会迷失方向。自爱不是在为自私服务，而是在为灵魂服务。你的心打开了，个人意识就会觉醒，这是一个很自然的过程。你不再觉得生命和爱与自己无关，你自己即会成为爱、和平、感恩和联结的源动力。如此，自爱就会成为你生命当中建立和谐关系、获得幸福的基石。

自我的借口

我们或许在发展自爱的萌芽阶段就会遇到阻力。我希望你能真正抓住本书提供的机会，所以我想举几个例子，来阐述你的自我会如何想逃避自爱这个话题。对于你自我批评的每一个论点，我都会提供一个新的视角。我想同你的心直接对话。

"我年纪太大了，没有精力关注自爱了。"

开始自爱永远不算晚！你在任何年龄都是值得被爱的、拥有价值的。不要放弃！

"反正我的生活已经一团糟，我什么也改变不了。"

没有任何生活是糟糕到自爱无法改变的。无论你的烂摊子有多少，总有一些东西可以帮你减轻痛苦，找到出路。

"我在童年时没有被爱过，我怎么能学会去爱？"

爱一直藏在你心里，即使你小时候没有经历过爱，但爱是你的本能。相信自己！

"我害怕敞开心扉会再次受伤。"

如果你爱自己，你就会变得坚强，更有自信应对伤害，不再需要为了保护自己而被迫孤独！

"我没有时间关心自己。"

没有时间是借口，你值得好好照顾自己。去做吧，给自己一些惊喜。

"我就是自闭、孤独、焦虑、缺乏安全感、不快乐……我不知道还能有什么改变，也永远无法改变。"

你不是生来就自闭、恐惧或悲伤的。不要固守在原来的标签上！你是如此的丰富，你内心有很多未知面想要被注意到。

"我的人际关系全都是失败的,肯定是我有什么问题。"

关系成功与否不全是你一个人的责任,没有人应该承担全责。这是你"内在小孩"一种畸形的认知,认为自己就是有罪的。从这种催眠中醒过来,看清真相。你是值得被爱的,那些不理解这一点的人不懂得爱的真正含义。

展望未来

现在让我们快进你的生活,看看未来如何。想象一下,12 个月之后的你成功地学会接纳自己,并且爱上了自己本来的样子。当你启动了自爱的意识,你的生活也会随之改变。

练习:实践自爱时的生活

代入以下问题,让你的思维和想象力自由驰骋,看看脑海中出现了什么图像。准备好笔和纸,写下你看到的东西。在你展望拥有自爱的未来时留下一些白纸黑字的印迹。

当你实践自爱一年时,生活会变成什么样?

- 当你以爱的眼光去看自己时,你的友谊会是怎样的?
- 哪些友谊是你继续培养的?
- 你已经放下了哪些所谓的朋友?

- 你给自己的爱好和热情留出了哪些空间？
- 你在对什么说"不"？
- 你仍然有对失败的恐惧吗？
- 当你内心平静时，是如何对待批评的？
- 你是否还让他人继续剥削、操控你？
- 当你实现了自爱，你又怎么看待金钱和财富？
- 你住在哪里？
- 你的日常工作生活是什么样的？
- 你为自己的健康投入了多少时间和精力？
- 当你接纳自己时，你停止了什么？放下了什么？
- 你能更好地原谅谁或什么？
- 你能更好地在哪些危险面前保护自己？
- 你如何应对他人的不友善或不尊重？
- 当你自爱时，你的身体状态如何？
- 你的里程碑或突破是什么？

　　最重要的是我们要珍惜并培养这些愿景，因为它们可以激励我们沿着自爱之路走下去，遇到挫折不会轻易放弃。最后一个问题至关重要，请仔细想一想：实践自爱之后你将拥有哪些突破、你的生活将如何从根本上得到改善？我们需要这些强大的愿景来聚焦目标。你可以把自己的设想做成手账或写成日记，就像设定一个目标，设定一个内心的指南针引导你前进。而且你可以时不时把这些文字和图片从抽屉里拿出来回顾一下，看看你已经取得了什么进展。

第1章

找到锚点，拥抱生活

很多人都缺少锚点——是的，我知道我在说什么。寻找锚点一直是我人生中的重要议题。小时候的我一直单薄虚弱，好像一个虚无缥缈的存在，没有物理上存在的实感，但我却可以时常钻入那些微妙的幻想和梦境世界中。当你设法找到一个锚点，将自己沉醉的幻想世界与真实世界联结时，这种梦想照进现实的感觉可以带来巨大的快乐。对我来说，写作就是这样一个锚点，让我可以把自己的精神世界从一个更高的维度摘取下来，与其他人分享。

每个人锚点的数量取决于很多因素，例如你的身体状况。如果你是个纤细柔弱的人，可能会比那些健壮硬朗的人更难找到锚点。此外，自身的成长经历也是很大的影响因素。你可以在本章中了解更多相关知识，并进行自我探索。

有很多方法可以让你加深与现实的联结，掌控自己的生活，保持健康并且获得充实感，但曾经受过的创伤总会与我们形影不离。而这意味着什么？我会一步步向你解释。

你与现实联结紧密吗

首先我想提供一些方法来帮你判断，自己与现实世界是否紧密联结。在我们判断之前，先来了解一点：缺少锚点并非我们有意为之，通常是一种逃离现实、构建更美好自我世界的自保机制或精神手段。这种现象通常源于婴幼儿时期的创伤。原生家庭的混乱、来自父母的打压或暴力都会让人难以在现实生活中感到安全和放松，因此我们会习惯性地伸出一条腿，随时准备逃跑。

如何意识到锚点的缺失

下面我列出了一些缺少锚点的特征。阅读以下内容，看看有没有符合你的。也许只有一两条让你不禁点头，也许有更多。符合的越多，你的锚点就越少。

- 你很难感知到自己的身体。
- 你不喜欢涉及身体的活动，例如运动、吃饭、跳舞等。
- 你会忽视自己的身体需求和健康状况。
- 你总是倾向于自我剥削。
- 你有崇高的理想，但是缺少在现实生活中实现的具体手段。
- 你抗拒金钱和财产，没有物质需求。你有存在主义危机，在应付柴米油盐方面有困难。
- 你有很多想法，但很少能实现。

- 你梦想穿越到过去或未来生活。

- 你觉得自己来自另一个星球。

- 你缺乏做决定的能力。

- 你感到内心空虚。

- 你不知道你在现实生活中真正想要什么，也不知道自己属于哪里。

- 你在日常生活中总有心理上的波动，但你总是淡化这些感觉。

- 世界的喧嚣让你感到厌烦，你认为政治、经济或是对于金钱、物质的追求都毫无意义。

如何确认自己拥有良好的锚点

下面我列出了一些拥有锚点的特征。阅读以下内容，看看有没有符合你的。也许只有一两条让你不禁点头，也许有更多。符合的越多，你的锚点就越多。

- 你对自己的身体很满意。

- 你充满活力和能量。

- 你积极地尊重自我需求，维持健康。

- 你在生活中拥有稳定的信任感。

- 你有实现自己想法的天赋。

- 你对物质需求有积极的心态。

- 你能在生活中找到自己的位置。

- 你能很好地着眼于现在。

- 变化不会让你惊慌，这只是生活中自然的一部分。
- 你知道自己想要什么，可以自信地做出决定。
- 你拿得起放得下，相信一切都会好起来。

接纳现有的一切

拥有一个强有力的根基对每个人都很重要。也许你已经找到了自己的锚点，自我评价很好。在此我想邀请你在自爱的道路上迈出重要的一步。

在生活中更好地与现实联结从接纳现有的一切开始，这是一个很好的选择。我们经常做白日梦，幻想未来会发生什么比现在更好的事。但这样我们就否定了此时此刻的快乐，失去了现时的锚点。当你停止抗拒此时此刻，接受你现有的住所、身体和情绪时，你将释放出巨大的能量。

你不一定非要减掉 10 千克才能认可自己，也不需要拥有一辆新车才能获得快乐，你也不必等待论文完成、新工作到手才感受到成功。暂时放下这些目标，接受现有的一切。

拥有接纳的意识，你就已经拥有了自爱的重要品质。自我接纳可以同时加强让你找到联结现实锚点的能力，让你真正活在当下。接受现在的你，接受你所有的怪癖、缺陷、伤痕和不完美。

我在一个英语励志视频中听过这样一句话："The more you feel it, the more you can heal it."这句话的韵律如此优美，并且展现了接纳自我情绪的力量。我粗略地翻译一下，即："你越接受自己的情绪，你就越能治愈自己的内心。"

我在参加呼吸治疗培训师训练时有很深刻的体验。在这样的身体治疗过程中会有一些激烈的情绪浮出表面，释放出来。我发现当我不再与负面情绪斗争之后，反而更容易放下。如果我接受它们，不再试图推开它们，它们就会像水流倾入大海一样消散。

这似乎是个悖论。学会接纳，我们大可以改变那些使我们痛苦的事物或环境。不再欺骗自己或压抑自己的真情实感，真实就会开始充盈我们的世界。像佛陀一样坐在伟大的生命之树下，完全放弃挣扎、克制或压迫，我们的心域为内心的平和敞开了大门。

练习：接受现在的一切

集中精力深呼吸一会儿，平静地把你的意识稳定在身体正中央。将你的手放在胸前或腹部，深呼吸，让你的注意力全部集中于身体中心。放下今天的所有想法，完全集中在此时此地。

感知你头脑中所有的情绪和受过的伤害，接受它们的存在。允许自己充分感受自己的感受，不要试图继续隐藏它们。此时你的身体状态仍旧很好，因为这根本没有什么可怕的，没有什么需要改进，也没有什么需要重建。

你想接受哪些情绪、想法和生活环境，不再与其继续抗争？

- 你现在想接受哪种不愉快的情绪？
- 你现在想接受哪种强烈到你甚至有些害怕的情绪？

- 你现在想接受你家庭中的哪个问题？

- 在你的职业生涯中，什么是你现在可以接受并让你认可自我的现状？

- 你希望重视哪个健康问题？

- 过去的遗憾有哪些是你已经可以接受的？

- 哪些身体状况（体重、年龄或疾病）是可以接受并继续关注的？

- 现在哪里是你愿称之为"家"的地方？

请允许你自己去感受接纳的力量，这会加强你与生活的联结锚点。

埃尔克自我接纳的故事

出于非常传统的社会准则，我总是害怕自己成为周围人的负担，我的生活一直处于战或逃的状态。我觉得自己的灵魂根本不在身体里，而是一直遮在我的眼前。我完全忽视了自己身体和精神的种种信号——其实我已经有长达十年的暴食症、抑郁症和斜颈病。

我总是自我否定，在他人面前笑，但内心是崩溃的。我根本不想承认我在欺骗自己，因为我对成就有很高的追求和使命感。我就像一个机器人，只是在运作，而不是在生活。我也无法感知到自己的情绪，换句话说，我把它们通通压抑了。在这方面我算是一个世界冠军。

西尔维娅老师的课程让我意识到，即使停止伪装，自己也是非常有价值的。最好笑的是，最大的批评者并非周围的人，反倒是我自己。外界其实很欣赏我，但以前我并没有接受。

缺乏锚点的原因

与现实的联结锚点始于你成为受精卵的瞬间，在你还在母亲肚子里时就开始发展，尤其是从你出生后到 7 岁前。这期间发生过的一切都深深印在你的潜意识中，甚至存在了你细胞的记忆里。生命从这些早期印记中接收到基本信息，让你知道自己是否被爱着、渴望着、呵护着。

干扰锚点的因素

在生命的早期，有各种情况会导致一个人缺乏与现实联结的良好锚点。包括：

- 意外怀孕
- 产前压力
- 难产

意外怀孕

有很多孩子是父母在无意中怀上的，可能是年轻时初恋的冲动、假期的艳遇、外遇，等等。在这些情况下，女性怀孕通常并非在计划内，也不是心甘情愿的。女方极度想要孩子而男方不想要孩子的意外怀孕也并不少见。

无论何种情况，除非父母两人都很期待孩子的出生，不然孩子通常会拥有一些负面经历。他们会感到被拒绝，甚至觉得自己是父母的负担。通常孩子与父亲会相互争夺母亲的爱，因为孩子在婴儿期需要被母亲全天候照顾时，父亲觉得自己被排挤在外了。当然也有一些计划外的孩子在父母经历了最初的惊慌后被深深爱着。这些孩子在生活中是否觉得自己受到欢迎很大程度上取决于父母爱的能力和维护亲密关系的能力，同时也取决于父母对孩子释放的信息。像是"因为你，我必须累死累活地工作"或是"因为你，我不得不放弃我的学业"之类的话都让孩子有愧疚感，或感觉自己没有价值。

在儿童时期缺乏爱与关注的人会陷入难以改变的缺爱模式。他们生活在无限的循环中，无意识地在自己的人际关系中重现拒绝、背叛或冷漠的经历。

产前压力

如果母亲在怀孕期间考虑堕胎甚至试图堕胎，胎儿会出现巨大的焦虑，感觉到自己不受欢迎。父母生活的拮据、家庭的争吵或是过重的工作压力也会对孩子的神经系统造成一定影响，让孩子长大后仍会觉得生活是一场战斗。

难产

光是这一个话题就可以写满一本书了。在我的呼吸疗法培训中，很多会议都详细讲解了"分娩创伤"。令人惊讶的是，即使我们对此毫无记忆，但这些经历竟会对我们有如此深的影响。典型的生产并发症有早产、产钳分娩、晚产、脐带绕颈、未检测出的双胞胎、强制助产（通过推、拉、引产药物等）。通常孩子在出生之后会被粗鲁地对待，脐带会在第一时间被剪断，造成大量缺氧和恐慌，因为此时孩子还不能靠自己的能力呼吸。随后给婴儿擦身、称体重，通常还会把孩子拎着脚倒立过来，拍打他的屁股以帮助他呼吸。这些粗暴的迎接仪式看起来并没想让人好过。

法国医生弗雷德里克·勒博耶（Frederick Leboyer）在他的《无暴力分娩》（*Geburt ohne Gewalt*）中对此已有很好的总结。如果你怀孕了，可以了解一下"温和的自然分娩"，让你的宝宝感受到这个世界对他的欢迎。

有些母亲在产后出现抑郁症甚至其他精神疾病，因此难以和孩子建立起良好的母子联系。这给孩子留下了深深的伤痕，让他感到缺乏关怀、孤独或是不被欢迎。

如果你对自己的出生状况一无所知，那就试着去了解一下。如果你的父母不想告诉你，也许姑姑或是奶奶会愿意告诉你。很多孩子并不了解自己被孕育和出生时的真实情况。

爱你身体本来的模样

你的身体是自我意识和自我表达的重要元素。当你拒绝自己的身体，认为它是丑陋的，不喜欢它时，你就不能接纳自己。稍后我们将了解一下为何这么多人都会出现这种现象。在接下来的步骤中，我将告诉你如何学会爱自己的身体，接受它、聆听它，然后更好地与现实形成联结。

无论你现在的身体状况如何，无论你是健康还是生病，你的身体都值得被爱和尊重。你给自己的关心越多，就越能意识到你的身体是一个美妙的礼物。当你愿意享受生活时，它可以带给你满满的幸福。每种疾病都是一种呼救信号，提示你要多关心自己，关注身体健康。

你是否想留在这具身体里？你的回答也强烈影响着你的生活态度、生命力和自我表达。身体是灵魂的神庙，但许多人却视其为令人厌恶的监狱。

你可能会对自己的生活、身体与能量有一些隐秘的想法，探索这些想法可以帮助你找到被阻碍的结点。下一步，我邀请大家抛下曾经的经历和随之而来的负面情绪，做出转变，得到治愈。

你对身体、活力和充盈的观念

花几分钟时间来探索你的观念吧。阅读一下句子的开头，然后用脑海中的第一个念头去补全后面的内容。这关于你的感觉和想法，但是父母给你留下的烙印也是重要的影响因素。

如果你愿意，可以拿起一张纸写下你的想法。

- 当我看向镜子里的自己时，我觉得……
- 我的女性 / 男性身体是……
- 当我……时，我很不喜欢自己的身体。
- 我的生活是……
- 我的生命力是……
- 当我放松时……
- 当我充满信任时……
- 当我……时，我对自己的身体很满意。
- 我母亲最大的恐惧总是……
- 我父亲最大的恐惧总是……
- 当小时候……时，我体验到了温柔与亲情。
- 当我得到 / 需要 / 要钱时，我感觉……
- 当我……时，我感到难为情。
- 为了获得安全感，我需要……
- 当我展现出真实的自己并提出需求时……

请以爱的眼光去看这些想法，深呼吸，彻底敞开自己的内心。

不管你现在意识到了什么，都要记得所有这些想法只是源于你出生环境的映射，来自深刻在你的潜意识中的原生家庭印记。

许多消极的想法均趋于自我审查、否定或压抑。大多数孩子会被"教养"，要抑制自己对爱、愤怒或悲伤等情感的真实自然表达。他们只会成长为守规矩、努力工作的人，但没有真正拥有生活。

如果孩子的成长过程中缺乏爱，日后就会通过金钱和物质来满足自己的安全感，对人际关系充满不信任。许多女生过着灰姑娘的生活，否认自己的需求、为家庭牺牲自己只为了得到一点认可。还有一些人抵触金钱，羞于争取自己的利益。

基本上我们 99% 的问题都源于爱的缺乏，而现在你可以通过开始爱自己来改变。

转变消极的想法

如果你现在已经发现了一些对你影响很大的消极想法，我想邀请你去转变它们。我将以下面四个想法为例解释做法：

- 我的真实自我对别人来说是一种负担。
- 当我给予了信任，只会得到失望。
- 我在照镜子的时候觉得自己很丑。
- 当我上台、考试、在公开场合发言时会很不自在。我对失败有强烈的恐惧。

我们总是希望消极情绪可以尽快转变为积极情绪，但这样一来，我们的潜意识只会被蒙蔽。如果从现在开始，让你每天早上对着镜子说"你很美，很棒，很可爱"，你可能会觉得很可笑。

　　这就是为什么我们最好先建起一座桥梁，例如想象一位慈眉善目的奶奶，她散发着爱、善良、智慧和幽默的光芒，让你觉得自己被接纳。她拉着你的手，你们一起看着刚才那些想法。带着慈爱目光的奶奶会对你说什么呢？

有关真实自我

- 即使真实自我曾经是你父母的负担，它也是生命的礼物，接纳它吧。
- 虽然你的父母、老师不能应对你的悲伤、愤怒或活泼，但原谅他们吧。
- 即使你不知道该如何表达真实自我，要记住，你是如此的天真纯洁！
- 如果你曾认为必须压抑自己的真实一面，也原谅自己吧。

有关失望

- 即使你曾经失望过，但随着阅历的增加，你已经可以认识到哪些人是值得信赖的。
- 即使你过去觉得被别人伤过心，也要记住你有能力给予并且接受爱。你能够做到，因为这是真实的你。
- 你有能力从失望中学习，变得更会识人、更会辨物。
- 过去受过的伤害并不等于未来的命运。

有关自我接纳

- 即使你曾经认为自己很丑，但也要允许现在的你发现自己的美丽与可爱。

- 虽然从前在被注视的时候你会感到难为情，但现在你可以让自己光芒闪耀，展示真实的自己。

- 如果你曾经在学校或家里因为外貌而受到嘲笑，请看清这只是无稽之谈、嫉妒或操控之术而已。那些不是真相，而是对现实的扭曲。重新找回你的尊严吧。

- 无论你是胖是瘦、特立独行、生性敏感还是身患疾病，都不意味着你不可爱或不美丽。

有关害怕失败

- 即使你曾经很害怕出丑，但今天的你要意识到自己多么有能力。

- 即使你过去害怕被嘲笑，但要知道你现在已经足够强大，可以为自己辩护。

- 即使你过去害怕展示自己会受到打击，但现在你要看到自己已经足够好了，而且你的内在力量会指引你、保护你。

- 记住生活不是一场考试！你一定比任何失败都强大。无论你是没有考过驾照还是留级，这都不重要。这些只是世俗的游戏规则，它们对你的灵魂一无所知。

想象自己和奶奶一起哭、一起笑，感受自己被完全接纳的状态。慈爱的奶奶是一个很好用的形象，大多数人都可以轻松产生共鸣。

如果对你的效果不好，你也可以试着想象仙女教母或其他形象向你传达积极信息。

现在你可以把想法转变得更积极，例如：

- 我原谅我的父母/爷爷奶奶/老师，因为他们压抑了我的活力/羞辱了我/用封闭的思维方式控制了我……

- 我原谅自己认为我不配活着/我不能相信任何人/我是个失败者/我不能犯错/我很丑/我不可爱……

- 我现在允许自己……（这个许可非常重要！）

- 我现在允许自己表现我真实的活力。

- 我现在允许自己去爱与被爱。

- 我现在允许自己犯错，并从错误中学习。

- 我现在允许自己展现自己的美丽，也允许自己不完美。

- 尽管我曾经认为自己很丑/不可爱，但现在我已经发现了自己的美。

- 即使我以前很穷苦，但我现在值得富足的生活。

- 我相信我有能力正确判断人。

- 我相信爱。

- 我相信我的心。

- 即使我现在痛苦/生病，我也爱并接受自己现在的样子。

- 即使我不知道如何展现真实的活力，我也允许现在让自己淋漓尽致地生活。

把你的新句子写在一张漂亮的纸上，大声地念出来庆祝一下。用黑体字关键词加上你自己填充的内容。如果有一些示例让你很受用，你也可以直接采用。

看看镜子，试着感受或唤醒对自己的爱。即使这种感觉很新鲜，这也是你心里最自然的状态！爱自己是一个最简单的决定，没有条件，没有"如果"和"但是"，你现在就可以开始，就在此时此刻！

沉入自己的身体

将精神平静地沉入自己的身体可以让你真正爱上自己的生活。试着创造一些仪式，让你更容易用爱的目光接受自己的身体，更享受身体的活动。最重要的是，身体是你的中心、你的家。因此第一步就是要真正沉入你的身体，不要再评价或审判它。

我在读书时生过一场大病，因此我出于本能地给自己围了一个保护圈，圈上放着许多对我意义非凡的物品。我躺在圈中的地板上睡了一整晚并做了一些祷告，祈祷得到保护和治愈。第二天我就感觉好多了。

蜷缩在保护圈中

舒适的垫子和毯子就可以筑成一个巢一样的保护圈。找一些能给你带来积极情绪的物品并将它们放在你的小窝周围，就像一个治疗圈。可以是蔷薇石英、水晶之类的半宝石，也可以是羽毛、贝壳、石头、羊毛、先祖的照片、鲜花、树叶，等等。用心布置，点燃一支蜡烛，再加上一盏香熏灯或香熏石，选好一款精油。

你可以在保护圈中蜷缩着躲起来，喝茶、看书、睡觉，让自己找到像一个婴儿或一条小狗似的舒服姿势。通常我们只会对其他人或是宠物如此关怀，但现在允许自己关怀自己吧。如果你是单身，可以自己买一个大抱枕，晚上依偎在上面，假装床上还有个人。这也可以给你安全感。

呵护身体

香草、玫瑰或薰衣草的香味也能使人更有安全感。许多古老文化，例如印度和夏威夷文化，都有用温暖的草药精油进行全身按摩的传统，让你的整个身体都被温暖包裹。这样的仪式和触感可以给我们带来愉悦的感觉。我们被允许放松、休息。身体需要爱、温柔的触摸和拥抱来感受快乐。

你也可以泡过一个温暖的澡之后给自己涂上精油，用美妙的香味呵护自己；或者去蒸桑拿，热蒸汽也会带给你深度的放松和愉快的沉坠感。

如果你还想深度放松，可以播放莎娜·诺尔（Shaina Noll）的专辑《内在小孩之歌》（*Songs for the Inner Child*）。她用动人的歌喉邀请听众敞开心扉。这种安全感是可以感觉得到的，好像母亲在孩子床边唱的摇篮曲一样。这张专辑有一首尤其美妙的歌曲叫《你现在可以放松了》（*You Can Relax Now*）。

在听音乐的时候，你的眼泪可能就会夺眶而出。不要管，允许它沉入你的内心深处，感受你最柔软纯洁的地方。音乐直接与我们的心和灵魂对话，并能以一种超越意识的方式触动我们。即使你在婴儿时期没有得到足够的照顾，现在的你也可以触碰爱、感知爱，体会到你被需要、被关爱的感觉。阳光为我们所有人而闪耀。这是一种难以名状的自由。

认识身体的需求

当我们脱离现实生活时，经常忘记正确应对身体释放的信号和需求，甚至根本感知不到它们。

头痛、胃痛、疲劳和其他大大小小的疼痛都是身体需要你关爱呵护的呼唤。但是如果你的人生信条是"必须坚持工作"，也许你就会忘记倾听这些信号。这就是为什么我想邀请你聆听自己的身体信号，问问它需要什么，找回身体的平衡。

练习：聆听身体的信号

这个练习需要你平静下来，对照检查表一步一步检查自己的身体，听听身体的哪些器官或部位出现了何种需求。

表 1-1　聆听身体的信号

身体器官 / 部位	收到了何种信号？	它需要什么？
眼睛		
头		
鼻子		
牙齿		
耳朵		
脖颈		
咽喉 / 声带		
肩膀		
胳膊		
手		
胸腔 / 肺		
心脏		
胃		
肾脏		
肝脏		
脊椎		
背		
膀胱		
生殖器		
肠子		
屁股		
腿		
膝盖		
脚		
皮肤		

做完这个练习后你感觉如何？如果有几个器官已经在发出警报，你也不要慌张。当你的身体不再"运行良好"时请不要对它生气，而是要以关爱的心态识别其背后隐藏着哪些未满足的需求。

与身体进行爱的交流

你的身体器官都在倾听你的声音，它们需要悉心的指导才可以更好地工作。每个器官都有自己的意识，这也是你生命能量的一部分。带着爱意与你的器官对话，告诉它们从现在起你会好好照顾它们。你可以通过内心的图像、情绪和语言与它们交流。上扬嘴角，关爱地惦念那些已经在预警的器官，就可以在内心向它们传递一个微笑。此外你还可以具象化出一个令你心情愉悦的"治疗颜色"，例如绿色、金色、紫色或蓝色。

与肩部沟通的例子

你可以像对待真人一样同自己的身体器官说话，大声说或在心里默念都可以。

"亲爱的肩膀，我知道你负担了很多，有很大压力。我知道你想通过疼痛告诉我一些事情。我觉得我需要戒掉／开始做……让你更好受一些。我爱你，肩膀，即使现在你让我很疼。我保证以后会更加关注自己和自己的需求。"

如果可以的话请立即采取行动，将你的计划付诸实践。比如去预约健身房或者理疗室，买些新鲜的蔬菜水果，去散个长步。如果意识到有心理因素影响，就想一想你希望解决哪些矛盾，以及可以做些什么来积极改变现状。

注意身体的信号

一位客户最近给我讲了个有趣的故事。她多年来一直被湿疹瘙痒困扰，尽管多次寻医问药，但一直没有任何缓解。在一次她与朋友交谈时，朋友问她有什么事情是她最想彻底改变的？我的客户突然意识到是她的婚姻，多年来她一直想摆脱这段婚姻。在和她的丈夫共处时，她的皮肤就会非常不舒服。但她一直不愿承认这件事，因为他们有个孩子，她不想轻易放弃这段婚姻。但突然有一个时刻，她鼓起了所有勇气搬离了和丈夫共同的家，然后她的皮疹就消失了。

这真的很不可思议，但这就是身体器官传递的信息，只要我们认真听、仔细看。

注意：身体症状背后不一定是心理问题，有时身体只是渴望阳光、运动、有营养的食物、水、睡眠或是富有爱意的对待。然而抽象的不适感往往是感到压抑的迹象，例如寒冷、有压力或是沉重的感觉。最经典的就是哽噎的感觉，好像喉咙里有个肿块。

祖辈对锚点的影响

我曾经听一位精神研讨班的负责人反复强调"一切都是幻觉，精神高于物质"。他很不在意自己的健康问题，结果有一天我听说他死于肺炎。这正是我们忽略身体问题时会发生的事——我们活在精神彼岸，却忽视身体最基本的需求。这种习惯到底从何而来？

这也同样与我们缺乏锚点有关。当我们与现实世界没有紧密联结的锚点时，就很容易忽略身体发出的信号。特别是那些崇尚精神力的人更喜欢把思考的意义置于身体需求之上，认为积极的精神状态就可以使一切变好。但仅靠积极的精神状态是不足以保持健康的。许多崇尚精神力的女性可以称得上是粉饰自己生活状态的世界冠军了。她们晚上躲在房间里吸烟、冥想、做瑜伽，但仍然因为同伴侣的争吵或工作中的压榨而感到困扰。而后面两者都亟待解决，并且都发生在现实世界。

但是当你在精神世界迷失了自己，没有合适锚点的时候就会难以意识到现实世界发生的事。或者当你觉得自己不值得被爱，也会需要花费更长的时间才能重新与现实联结，获得解脱。

有些时候，缺乏锚点及自爱的特质可能已经埋藏于祖先的基因当中，后代因此会很难接纳自己的身体或归属。仔细想想，我们精神向往的世界其实可以视作一种对彼岸的追求。在本章的末尾我会详细解释如何克服"此岸、彼岸二元性"。

首先来谈谈祖辈带给我们的影响。无论是身体细胞，还是精神世界，祖辈的经验和经历都已刻在我们的基因当中。许多原始部落甚至认为之前七辈祖先都会对我们有影响。从表观遗传学的研究中发现，战争、饥荒和逃难的经历会触发或关闭后代的某些特定基因，从而导致生理或精神疾病。

自爱对于我们的祖辈来说是一种奢侈的、可有可无的事。所以可以仔细观察一下你的父母和祖父母，因为他们常常会被困在当下的生活当中，很难跳出来俯瞰自己的人生。

当你没有意识到这些时，祖辈的所有包袱都会成为你学会自爱的阻碍。比如对于很多家庭来说，努力工作是第一位的。农场需要照看，父母需要在工厂挥洒汗水或努力经营自家公司。许多人印象中的父亲都是一辈子忙于工作，几乎没有时间陪伴孩子。

还有一些孩子是所谓的"私生子"，没有见过自己的父亲。也许是父亲离家出走了，或是其他亲人一直隐瞒着父亲的踪迹。因为从小失去了一半的"根"，他们的成长时常会伴随很多问题。无法继承遗产也让他们缺少经济保障。

这些问题可以追溯到一两代人之前，同时这也会严重影响我们生活中的锚点。当你意识到一些"自己的问题"其实是祖辈问题的重演时，可以获得一些解脱，自责的想法会消失。取而代之的是，你会意识到当我们做出改变、解决问题，就可以放下祖辈的遗留问题，而这需要时间。所有我们无能为力的事也可以由后代解决。如果你没有孩子也不是坏事。你也不必解决所有问题，尽力就好。

原谅你的祖辈

原谅你的祖辈。他们受限于自己的认知，通常也没有机会接触新的思维模式、生活方式。大多数情况下，他们都被困在自己时代的规则和习惯当中。今天我们拥有许多讲解自我帮助的书籍或是治疗手段，但他们当时没有。自爱曾是一种高不可攀的奢侈品。

试着代入他们的生活换位思考一下。你可以翻一翻父母、祖父母或曾祖父母的老照片，带着爱去体会他们的经历和命运。点一支蜡烛，感恩他们克服万难为你铺平的生活道路。而现在的你可以用爱和积极的心态拥有更好的生活。

找到老家，找到归属感

很多人的父辈在二战期间或战后被迫逃离家园，经历了颠沛流离。他们要不停搬家、换工作，而且永远觉得自己不属于那个地方。这种背井离乡的经历同样会牵连到后代。即使在我们这个时代，很多难民的孩子也会遭遇这种情绪。

我自己对这种现象有切身体会。我的外祖母当年从西里西亚逃到了德累斯顿，又因为一瞬的念头离开了这座城市，毫发无伤地躲过了大轰炸。我自己也至少搬了 15 次家，但只在博登湖和阿尔高才能体会到家的感觉，在其他地方都没有归属感。我也总能在相关网站上看到其他人提起类似的故事或感受。

这就是为什么我们一定要在某一个时刻找到一个情感上像家的

地方，然后下定决心留在那里。内心的不安就像一个警报，只有充分的放松和休息才能让我们的神经系统解除这个警报。此外，如果你一直觉得外面的世界比现在的好，这种想法久而久之会变得根深蒂固，也会让你心神不宁。

你现在住在哪里？了解一下这里的历史，参观当地的博物馆或是参加他们的传统民俗节日，找到这里的宝藏，即此地的力量源泉，那些庇佑世世代代村民的古树、湖泊、河流或山脉。倾听大自然的声音，有意识地将自己扎根于此，营造安定的家一般的归属感。

寻找新的"老家"

如果你对目前的居住地毫无归属感，那就听从自己内心的声音，问问自己：世界上哪个地方最吸引你？哪里让你感到舒适和安全？哪里可以让你全身心真正地呼吸和放松？哪些美景触动了你的灵魂？你也可以换一个国家，如果那里会让你心情更加舒畅。一些语言的特定旋律也会和我们的内心产生化学反应，有些相吸，有些相斥，而这与你祖辈的经历及你过去的生活有很大关系。比如，如果你的祖辈来自法国，那法语就有可能触发你的幸福感。很多人都体会过，明明是第一次来到某个地方旅游，却觉得那里备感亲切，可以联想起一些旧时光的快乐。

我自己也有过几次这种恍如隔世的触发时刻，像是十几岁去法国南部度假时，或是 2019 年在英格兰抚摸着度假庄园的木质大门、欣赏着格拉斯顿伯里的美丽风景时，都有过这种感觉。虽然都只是一些平凡的时刻，但我的心却难以平静。

也许本章的某些部分让你格外难忘，备感兴趣。那么不如稍做暂停，把你的所思所感写下来。不用着急，你可以慢慢做。在自爱的空间里没有"必须"这个词。许多人总想"对自己好好下一番功夫"或是"把自己的问题斩草除根"，但这样和小时候那些毫无耐心教育你的长辈又有什么不同呢？自爱像一只蝴蝶，你只能引诱它，但不能用蛮力抓住它。当你慢慢地打开自己，自爱的那只小蝴蝶也会轻柔地落在你的心上。

现在你已经了解了自己祖辈的生活经历，或许就能更好地理解到底是什么一直在影响你的生活。请不要再用那些问题责怪自己了。

仪式：寻根归家

我们的祖辈很不善于感知爱，为了加强锚点，让自己身心愉悦，我们需要建立一个感知女性源力的通道，向大地母亲伸出我们自己的根来汲取力量。这就是仪式的意义所在。

该仪式需要你找到一个户外的地方成为你的能量场，给予你力量和安全感，可以是你的花园、大森林，或是其他任何地方。一旦你找到这样的一个场地就可以开始准备治愈仪式了。在现今这个动荡的时代，世界日新月异，找到一个宁静的地方很重要。

考虑一下你现在想要获得哪些特质，来帮助你加深锚点，获得平静。你不必再向自己的母亲或伴侣寻求帮助，我想邀请你直接与

大地母亲对话。下面我会列出一些你也许渴望进一步培养的品质，
把你感兴趣的都写下来吧。

- 接纳

- 勇气

- 充实

- 有爱

- 安全感

- 保护

- 稳定

- 富裕

- 放松

- 在生命的长河中有信念感

- 有给予的能力

- 有宽恕的能力

- 温柔

- 坚强

去你的能量场，带上一块毯子、几根蜡烛、写有这些品质的一
张纸和构成你保护圈的那些小装饰物，围出一个神圣的保护圈，把
毯子和纸都铺在地上，然后走进圈里蹲下或是像胚胎一样蜷缩着躺
在地上。轻缓地呼吸，每一次呼气时都让自己下沉一点，向大地低伏。
感受大地如何在你脚下呼吸、存在、活动。感知那股赋予我们所有
人活力和滋养的野性力量。

释放你的悲伤、孤独、愤怒或恐惧，让这些负面情绪不断上升，看看它们都在诉说什么。

不再奢求父母会帮你消除这些内心的空虚和创口。你不再是个孩子了，你可以通过精神的联结一层一层地修复这些空洞。感受大地母亲对你的爱，将注意力转移到你渴望的那些品质上。想象大地母亲通过脉动的脐带将"稳定"之类的能量传输给你。如果想要加强这种体验，你可以具象化一种颜色或是哼出某个旋律。

每一次吸气，都让这种正向能量在你体内上升；每一次呼气，都释放出尘封的痛苦。感恩每一个在情感和物质上为你提供过帮助的人——我们常常会遇到接替了母亲的角色补偿你在家庭中所缺失的东西的人，不断加强你所感受到的安全感。

当你感到非常充盈的时刻，试着摆脱辅助，独立显现出这些品质。这时你就像一粒苹果的种子，扎根于大地母亲之上长出新的苹果树，自己也成为力量的源泉。

最后选择一个可以让你具象化这种品质的姿势，然后锚定那种感觉。设想你在以后的生活中如何展现这种品质。感谢大地母亲，也要记得你永远可以随时回来找她。

两极的整合：彼岸导向性与此岸导向性

作为锚点话题的收尾，我想和你们聊聊关于此岸与彼岸，以及如何从中寻求平衡的问题。现如今我们每个人都生活在一个物质主义的现实世界中。我们想要享受生活、事业有成、取得成功。相比之下，中世纪的人们因为受到教会的强烈影响更倾向于彼岸导向性，生活的目标主要是上天堂或是避免下地狱。直到今天很多亚洲文化仍是彼岸导向性的。

我们常常过于关注硬币的一面而忽略了另一面。下面的练习将会帮你了解最影响你的事物是什么。

下列陈述表明你受到物质的强烈影响：

- 金钱是很重要的。
- 成功是很重要的。
- 房子和车子比健康更重要。
- 现在就要享受一切。
- 好像错过了什么。
- 对死亡的恐惧。
- 认为死后一切都结束了（即 "人只活一次"）。
- 身体崇拜。
- 只关注眼前的生活，或是为了儿孙而活。

下列陈述表明你受到精神彼岸的强烈影响。

- 钱不是那么重要。

- 精神世界在生活中很重要。

- 认为死后一切都会变好。

- 坚信死后还有转世。

- 精神比物质更重要。

- 认为我们此刻的存在只是时间长河中的一个小插曲。

- 认为来世会更好（相信轮回）。

每种信仰都有可能走向极端，其实信仰和锚点是可以兼得的，看清你自己要选择什么道路。一个更崇尚精神力的人也不必拒绝金钱，这只会给你的生活平添烦恼。同样，如果你心念来世却拒绝着眼现世的生活和健康，也会错过现世的很多机会。硬币的两面可以彼此融合，你的意识也是灵活的。这是一个漫长的过程，下面这些练习可以给你帮助。

练习：两极性的整合

你的生活是以物质为导向还是以精神为导向的呢？这些倾向是否影响了你生活的平衡？请认真思考由此会产生何种具体后果。比如，你也许相信自己不需要买任何意外险或责任险，因为"天使会守护你"，这显然是对我们地球法规的抵触。如果真的发生了意外，这种想法只会害了你。在艰难的处境下，我们是需要金钱作为支撑的。

如果你只关注金钱、事业、成功和物质财富，生活也会失衡。每当你面对疾病或死亡之类的话题时，就会感到内心空落落的，非常恐惧失去。

拿一张纸试着写出下面的句子。也许其中有某一两句让你心生抵触，但还是要尽力尝试一下。以下陈述有利于两极的平衡。

- 我可以在经济、精神和心灵上都变得富足。
- 我接受自己尘世的存在和所有的需求，同时也知道自己拥有不朽的灵魂。
- 我接受自己尘世的存在和所有的需求，同时也能与我内心的智慧女神保持联结。
- 我意识到在温饱问题之后还有更深层次的问题，那就是：人生的目标究竟是什么？我生命的意义是什么？死后还有另一个世界吗？
- 我现在有能力改变和改善自己的生活。
- 我尊重自己身体的需求，同时也乐于挖掘自己灵魂的力量。
- 我允许自己为我的生活赋予意义，允许自己为成功下定义。成功不仅仅是拥有金钱，还包括学会积极应对一切。

基于上述清单，说出两个你所相信却貌似互斥的信念。思考一下是否可以找到一个说法来统一调和两个极端，减缓它们对你造成的心理压力。

如果你在精神层面上根本无法肯定自己的存在，我想请你一起探索这个领域。对死亡的恐惧（以及对死后虚无的恐惧）会导致成瘾行为或强迫症，也会让人倾向于藏匿自己所有的负面情绪。

第 2 章

温柔地审视你的童年创伤

要想更好地处理你的自尊心缺失和不安全感，首先需要认识到你情感伤害的起源。我们在童年时期知道了自己是有价值的。然而，如果孩子没有得到健康成长所需的关怀和爱护，其自尊心就会受到伤害，健康的自尊也无法建立。许多人异常恐惧见到自己童年曾受过伤的地方，因为这会打破他们所谓健康童年的假象。但是我想鼓励你直面自己的伤害，停止压抑它们。我向你保证：这对你有好处，你将被治愈，内心的割裂将会结束，自爱也将会到来。

当我开始有意识地感知自己的情感伤害时，最初是非常痛苦的，但最后我感到了彻底的解放。我仍然清楚地记得高考时期的一个瞬间，那阵子我总是爱在电视里看非常情绪化、戏剧化的电影，因为我隐隐想要与自己深藏的情绪对话。有一天晚上我看了谭恩美（Amy Tan）的《喜福会》（*The Joy Luck Club*），这部电影讲述的是错综复杂的母女关系，由小说改编而成。这个精彩的家庭故事描绘了一群在美国开始新生活的中国女人及她们的女儿。看到结尾时我深受触动，不可思议地哭了几个小时仍无法抑制，仿佛我的潜意识中打开了一扇深闭的大门。多年来，我一直压抑着自己的眼泪和脆弱，只是在简单维持自己的运转。当泪水哭干时，我感到了难以置信的解脱和放松。第二天我剪了头发，突然之间我长出了卷发。解脱的瞬间对我们整个人的影响竟然如此之大。

几年之后我做了重生训练，也经历了非常解脱的时刻，我学会了让自己的眼泪和真实情绪恣意奔跑。每当我有勇气允许自己悲伤、愤怒或表现出其他脆弱的情绪时，我都能体会到坦然，体会到爱、联结和内心的平静。当我用腹部连贯地呼吸，去掉吸气和呼气之间的停顿，能让我与自己的真实感受格外紧密地联结在一起。有了这些经历，我对自己的自愈能力有了强烈的信心。我也想通过本书将这种信心传递给你，你不再需要恐惧自己的童年创伤。

害怕面对脆弱的情绪是我们真正的问题。我们的通病就是忘记了如何全方位地、真实地与自己的情绪相处。老一辈和战后一代人都习惯把自己的需求和真实感受完全摒弃，这也会导致他们一而再、再而三地淡化孩子们强烈的情绪，例如愤怒、悲伤或是孤独，无限循环。很多孩子在最困难的时刻被父母在精神上抛弃了。因此，被压抑的情感变成了床下的怪物，让我们夜不能寐，这些情感积压时间长了也会导致抑郁症。抑郁症即是长期压制感觉和情绪的结果。

我们经常逃避自己自尊受挫的真正原因。我们对同胞、邻居、同事、前任和朋友失望，只是不愿正视那个真正的原因。而真正的原因总是藏在童年或青春期。因此，我们现在一起来看看你的自尊心是如何受到伤害的，又该如何治愈。

是什么伤害了你

现在想一想有哪些不安定因素或负面想法影响了你的自我认知。我们在第一章提到的许多负面想法都植根于童年，然而对大多数人来说，要在这些伤害之后重建自我认知是很困难的。比如说，你很难看到自己的美丽，也很难接纳自己的身体，很多女生（也有男生）不是觉得自己太胖就是太瘦，不是太高就是太矮。他们认为自己不够有吸引力，也觉得自己永远不会找到那个对的人。

也许你还记得学生时代因长相而被取笑的那个场景，但最深的伤害往往来源于我们的家庭，这正是棘手的地方。我们在回溯人们的生活经历时，大家普遍会遇到一个禁忌，那就是他们不敢质疑自己的父母，不敢把他们从神坛上拉下来，不敢放弃完美童年的幻想。当有人要求我们说出父母对自己造成了什么伤害时，我们都会本能地拘谨、支支吾吾，不敢把家庭带来的阴影拽到灯下细细观察。

你的内在小孩需要你

请不要曲解我的意思，我并不是说要把所有的责任都推到父母的身上，而是你需要为自己的内在小孩撑腰，停止掩饰和否认受到的伤害，不再假装对家庭带来的不当伤害视而不见。只有这样，你才能真正触碰到自己的内心。

桑德拉对内在小孩的呵护

在我的客厅里有一个缤纷的照片墙，上面拼贴着我 1~3 岁的照片，这些照片帮助我与自己的内在小孩建立联系。我请求它原谅我长期以来对它的忽视，并且保证从今天起会好好照顾它。这听起来很疯狂，但对我来说，这是一种很好的体验，因为现在我更自信了，同时也原谅了大部分和我有过不快的人。这对我来说并不容易，因为长期以来我都自认为是个受害者。陈年的怨念时不时会浮现出来，但现在我可以更好地处理这些问题了。

现在让我们来看看童年创伤最常见的一些例子，这些伤害通过家族当中的父系或母系连带到了你。

纯粹母爱的缺席

心理治疗中有一个话题总是无法避免：母子关系。母爱是一个强大的基座，帮助我们在生活中扎根。但是当我们在母子关系中缺乏爱与关怀时会发生什么呢？即便是有干净衣服穿、有东西吃、一直受到良好的照顾，孩子也能在生活的点点滴滴中感受到情感上的冷落。拥有一个总是充满爱、满足孩子一切要求的完美母亲只是美好的愿景。阳光下总有阴影：情绪波动、婚姻问题、疾病、精疲力竭、过度要求、不安恐惧、艰难时刻和父辈的遗留问题总是存在的。

你可以通过以下几点来判断自己是否受到了母爱缺失的影响：

- 内心感到缺失，感觉得不到自己想要的东西。
- 内心空虚、不自信。
- 不够爱自己。
- 害怕做错任何事。
- 害怕被拒绝。
- 感觉不值得被爱。
- 嫉妒、自卑。
- 觉得自己不够好，无法吸引到合适的伴侣。

近年来，德语出版界关于内在小孩的书籍总是非常畅销，大家都想要弥补和治愈自己的童年。但是，为什么我们会有如此多的心理问题通病、内心如此缺爱呢？

几千年来对妇女的压迫直到今天还残存着很多痕迹，这使得母亲们很难充分发挥自己的女性力量。因此我们进入了恶性循环，女孩们没有学到母爱的品质，而这些品质又是向下一代传递母爱的必要条件。男孩们如果没有被母亲合理对待，长大成人后会出现人际交往问题，他们只会用很多花招来掩饰自己的不安全感，却没有足够的能力建立人际关系。但指责母亲或祖母失职是没有必要的，她们已经尽其所能养育了下一代。

当然，强大的母亲、会爱孩子的智慧母亲也是存在的。她们建立了强大的家庭纽带，为孩子打下了坚实的生活基础。这样的女性会给予后代培育、治愈、支持和保护，传递积极能量。你可以在你的家族中寻找这样的人，将她们提供的积极能量转移到你的生活中。

也许你觉得"妇女早就拥有了平等的权利了"，那么可以问问你的母亲或是祖母，甚至是身边的女性朋友，她们的两性生活和职场生活是怎样的，她们作为女性体会过何种质疑、羞辱和不安。想想有多少女性还被困在有害的关系当中，有多少女性在感情上、经济上不得不依赖自己的伴侣。

母性力量缺失的后果：自恋的女性或母亲

我在这章中所谈的母亲带来的阴影问题，并不是想要对母亲进行谴责，只是想要大家勇敢地审视。我并不是想说母亲们做得如何失败，也许你自己就是一位母亲，正在疑惑自己应该处于哪种角色。在我看来，对母性力量的任何歪曲都是好战文化的表现，这种文化已经与我们的社会共存了几千年。特别是 20 世纪两次世界大战给许多妇女（包括男人）带来了极大的创伤。我们只能感叹：如果没有这些战争，人类可以发展成什么样子。

因此，对我来说，母爱的弱化是一个文化整体失衡的后果。我们之前一代又一代人造成了这种失衡，而我们只能试着自己治愈内心的失衡。也就是说，无论是男人还是女人，都可以自己努力平衡内心的女性和男性两极，并勇敢地再次向自爱敞开内心。

职场和政治上妇女要求平等的呼声越来越高，但在情感自主、自爱和精神力量方面，很多女性缺少自强的力量。

根据我的经验，如果母亲很自恋，孩子会尤其缺乏自爱，因为自恋的母亲不能以同理心来感知、满足孩子的需求。这确实是一场大戏，孩子们往往需要很长的时间来想明白。一个自恋的女人更有可能为了名利或是其他私欲生下孩子，而通常母子角色会因此颠倒——孩子需要哄母亲高兴，或是长期被母亲控制。这可能会永久性地阻碍孩子自主发展。

自恋的母亲要么自己在婚姻中受到压迫，想要一直扮演受害者的角色，要么就是跋扈的女主人形象，不惜一切代价让孩子听话。但她们在公共场合却总是显得十分友好，声音甜美动听。自恋的母亲经常可以在短时间内转换角色，在受害者和施害者之间来回切换，尽管她们自己意识不到这一点。她们很难反思自己，因此当她们被质疑时，会马上暴躁不安地回击。

在情感上她们通常只有三岁孩子的发育水平：情绪波动大，不能整合矛盾的感觉和想法。你也可以说她们被困在了非黑即白的思维模式（和情绪）中。因此，当她们的行为在情感上伤害了孩子，却一秒钟都不能感同身受。她们只会用内在小孩的自我中心视角来对待每一次冲突，只希望别人回应自己的需求，而对孩子或伴侣的需求视而不见。

因此人们也可以说，自恋是一种发展性障碍，很可能同样是由于母爱缺乏导致的。

自恋的母亲总是对外展现出一个完整、干净、井井有条的家庭形象。但是一关上门，恐怖的日常就开始了。她们不允许被批评，甚至是小小的不同意见也不接受。在这种家庭中往往充斥着激烈的争吵和难以调和的分歧，也总会有一个最受喜爱的孩子和一个异类，而且这种模式会持续终生。

母爱缺席造成的童年情感创伤

我们已经意识到母性力量被削弱了，因此很多母亲不能对孩子进行情感关怀也不足为奇。即使她们把家里打理得井井有条，总能做好吃的饭菜，参加每一次家长会，但并不意味着她们可以给孩子提供安全的港湾。

不会爱人的母亲也有很多种。在本节中，我将向你介绍过去 100 年来我们社会中出现的不同类型的母亲形象。当然你或许会将其中的一两个与自己的母亲联系起来，下一步则可以推断出你经历了哪种经典童年创伤。

灰姑娘

一个很经典的母亲类型是灰姑娘。我们都知道童话故事中的灰姑娘是一个可爱但被忽视的女孩，她努力想赢得继母的爱，但只是徒劳。成年女性身上也会有典型的灰姑娘行为。女性作为母亲为家庭牺牲了自己，承担一切责任，剥削自己身体和情绪的价值。如果你的母亲是一个灰姑娘，当家庭矛盾产生时，她很难支持作为孩子的你。

灰姑娘型母亲通常寻找强势的男性作为伴侣，在各方面为对方服务。她们的自我评价体系总是基于完全抹杀自己的需要、满足周围人的期待。这样的母亲可以给孩子爱，但在冲突面前很难坚定自己的立场、维护自己的需求、善待自己的身体。

灰姑娘型母亲传达给孩子的主要感觉通常是她们自己"不够好"或是"不值得被爱"。她们的孩子往往对其缺少尊重，或是为了保护母亲而与父亲对立。

灰姑娘型母亲给孩子带来的典型影响及伤害：

- 不果断。
- 缺乏自信。
- 由于担心他人的评价而产生的完美主义。
- 舍己为人。
- 觉得自己不值得被爱。
- 在伴侣关系中过于妥协。
- 压抑自己的需求。
- 淡化家人对自己的伤害。
- 为了家庭而牺牲自己的欲望、职业规划或梦想。

以自我为中心

这是典型的自恋型母亲。她们虽然有了孩子，但觉得孩子干扰了她们的自我实现和自我需求。以自我为中心的人期待孩子能让自己快乐。这些母亲一般给孩子的情感关怀很少，缺乏同理心。她们的孩子通常很早熟（"小家伙很好照顾！"),也过早地承担了很多责任。孩子在很小的时候就要帮忙做家务、打理花园，还要分担很多压力。

还有一种截然相反的情况，即孩子有意无意间保持着依赖性，无法独立。他们接收到的信息是自己不会生活，笨手笨脚。在他们成长到 20 岁出头的时候仍然需要从父母那里寻求建议和安慰，不能自己做决定，没有成熟的心智。

有时候孩子还要代替母亲实现未完成的职业梦想，早早开始接受额外的课程和训练以为某个职业做准备，而失去了玩耍和交朋友的时间。

以自我为中心型母亲给孩子带来的典型影响及伤害：

- 优异成绩、良好表现的压力。
- 病态的完美主义。
- 严格遵守纪律。
- 忽略自己。
- 不断与他人比较。
- 对自己苛刻。
- 觉得爱必须用表现来赢得。
- 早熟。
- 丧失了爱玩的内在小孩。
- 害怕犯错。
- 对金钱的执念。

长袜子皮皮

长袜子皮皮型母亲基本上自己还是个孩子，因此对生活充满了玩心、创意和开放的心态。这很符合嬉皮士时代的潮流，但今天也有这样的人存在。童心未泯的母亲喜欢和孩子一起玩耍，做手工或是亲近大自然。她们有很多好主意，也喜欢传递理想主义的价值观。在育儿方面，她们对待孩子很宽容，和孩子平等相处，能教给孩子反权威意识。这样的女性通常对心灵世界、环境保护、心理学或创造力感兴趣。

孩子气的母亲除了很多优良品质之外也有一些缺点。在伴侣关系中，她们通常把更多的责任留给男性，从而让自己活得更自由、更孩子气。在危机面前，孩子可能感觉不到她们的保护，因为她们不太像是一个成年人。

长袜子皮皮型母亲给孩子带来的典型影响及伤害：

- 很有创意。
- 混乱、缺乏规划。
- 不够果断。
- 过度承担责任（母子关系颠倒），或女儿像母亲一样也成长为一个孩子气的女性。
- 生活目标模糊。
- 不成熟，缺少"内在成人"。
- 感性的天真。
- 不被周围人严肃对待。

老母鸡

这种有趣的母亲类型是非常普遍的。老母鸡型母亲对自己的孩子照顾有加，从孩子的眼神里就能读出他们的每一个愿望。她们贴心、勤劳、保护欲强，而且总是很热情。她们有许多大女人所缺乏的品质，可惜我们总是嗤之以鼻地认为这些品质过时了。当老母鸡型母亲调动起自己的关爱之情时，她们可以像母狮子一样保护、哺育自己的孩子，让他们走向独立。

然而，如果老母鸡型母亲同时很自恋的话，可能会破坏孩子潜在的自主性发展。这一类型的母亲会持续为她们早已成年的儿子洗衣服，每周日为他们烤肉，以感觉到自己被需要。孩子早已羽翼丰满，想要获得自由，但她们却没有意识到这一点。当孩子不再想要被母亲照顾，需要自己做决定时，母亲会大受伤害。

老母鸡型母亲给孩子带来的典型影响及伤害：

- 总是需要母亲的建议和保护（尤其是女孩）。
- 觉得自己无法应对生活。
- 遇事总习惯性寻求帮助。
- 在生活里要一直被照顾。
- 对于男孩：感到窒息。
- 害怕形成过分亲密的关系，丧失自己的独立性。
- 即便已经成年也要时时处处征求母亲的意见。
- 对自己做的决定感到不安。
- 渴求物质保障。

高敏感

高敏感型母亲一方面有很多要给予孩子的，另一方面又疲于处理自己的敏感需求。很多高敏感型女性根本不会成为母亲，因为她们把育儿的责任和压力看得太重。她们在有了孩子后总是试图给孩子一切，甚至超过自己的极限。在断奶阶段、叛逆期或是孩子开始上学等需要孩子依靠自己的能量成长的时刻，她们很难对自己的孩子说"不"，过分担心在情感上伤害到孩子。

在我做临床心理医师的时候，遇到过许多高敏感型母亲，她们因为这种倾向陷入了筋疲力尽的抑郁状态。责任感过高、睡眠不足、噪音和家庭冲突带来的长期刺激，加上强烈的完美主义，就会导致高敏感型母亲产生抑郁。在疲惫的时候，她们需要获得支持，以消除自己是个失败母亲的想法。这种失败的想法让母亲对孩子产生强烈的内疚，进而加剧了疲惫感。在长期的自我剥削中，她们一直压榨自己，却往往没有意识到如果先照顾好自己、划清自己的边界，其实可以成为一个更好的母亲。

这样的母亲虽然很爱孩子，但却会让孩子感到不稳定。如果生活环境不好，有可能会发生母子关系颠倒，孩子会像母亲一样去照顾母亲。这对男孩来说尤为致命，因为他们会觉得肩上的责任过重，在整个人生当中都难以摆脱这种压力。

许多高敏感型女性至少有一段和自恋者的恋爱关系。在这种剥削性的关系当中，她们失去了自我，也完全丧失了自爱。如果父亲是一个自恋者，孩子们会觉得母亲软弱无能。这种模式给孩子们带来难以消磨的自我怀疑，自尊心变得脆弱，而且兄弟姐妹之间容易爆发冲突，甚至在成年之后断交。

高敏感型母亲给孩子带来的典型影响及伤害：

- 缺乏自我认可。

- 责任心过强（觉得自己要为一切负责）。

- 容易产生负罪感。

- 怀疑自己过度敏感（总是拷问自己"这样可以吗？"）。

- 容易情绪过载。

恶皇后

这种凶狠的母亲类型是自恋型母亲的黑暗面。恶皇后就像一个恶毒的继母，甚至对待自己的亲生孩子也是如此。如果母亲专横跋扈、没有爱心、诡计多端、冷漠无情，孩子会感到迷茫困惑。自恋的恶皇后型母亲总是喜欢在家里选定一个异类来找茬。在兄弟姐妹当中被选为害群之马的孩子会产生深深的孤独感。恶皇后型母亲的孩子往往会发展为灰姑娘型，因为感情、需求、欲望和目标总是被否定和压制。从外表来看，恶皇后型母亲是一位完美的母亲，但是在她的一亩三分地中就会表现出暴虐的一面。她们对孩子自尊心的伤害是多方面且深刻的。母亲总是在受害者（比如自己受到的欺凌或是病痛）和操纵者两面来回切换，明里暗里攻击和操纵自己的孩子。有些此类畸形的母亲会把自己伪装成老母鸡型，因为她们无法接受孩子有朝一日会长大、会拥有自己的朋友及伴侣、彻底脱离她们的现实。

这种家庭长大的孩子受到的伤害很难磨灭，很多人都需要接受专业治疗来治愈自己。

恶皇后型母亲给孩子带来的典型影响及伤害：

- 总是坚信自己有问题。

- 觉得自己没有价值，不值得被爱。

- 厌恶冲突。

- 不相信自己的感知。

- 感觉受到冷落、孤独，缺乏与他人的人际关系。

- 疏离自己的情感。

- 自我苛责。

- 在常年的操纵下，很容易感到被冒犯。

- 压制自己的需求。

- 极易感知他人的需求。

- 过分的内疚感。

母亲如何影响了你

纵览不同的母亲类型，有哪些适用于你的母亲？选取1~2个类型，写下这种母子关系在你成长过程中带来了哪些情感创伤。试着回忆一下小时候受到伤害时的最大感受。有时可能是一些非常具体的事件和场景影响着你的整个人生。写下相关的想法、感觉和你的决定，勇敢地直面它们，和你的内在小孩站在一起。

母亲带给我的主要童年创伤：

_____

_____

_____

至今刻在我脑海里的想法：

_____

_____

_____

母亲的积极一面

审视童年创伤的同时，我们也要看到母子关系中好的一面。每个母亲都有她的优点，即使是自恋的母亲也能给孩子留下美好的童年回忆。为了看到这些光明的时刻，我们也要激活积极的童年记忆。这会帮助你体会到充实和快乐，不再只感到缺失。

写下对母亲的美好回忆，当想起那些快乐温暖的童年时刻时，试着感恩。有时候翻一翻家里的老照片会有帮助。

你感恩什么？你在这个家里学到了什么？有什么价值观、家族传统或是手工技能传给了你？你的母亲是如何表达爱的，即便可能是克制隐忍的表达？你的母亲是如何照顾你的？在哪里体现了她的母性？

与母亲的美好回忆，及她向我传递的积极信息：

_____

_____

_____

祖母的角色

最后我想请你思考一下祖母对你的影响。尽管祖母不一定是最好的母亲，但是她们通常会尽可能地补偿孙辈。因此她们成了很多孩子童年的一盏明灯，这也是母性行为模式的可喜转变。然而个别祖母在家庭中的形象仍然是负面的，没有对孙辈体现出关爱。

如果你对祖母有美好的回忆，请在这里写下她如何用母性关怀了你，她为你的生活送来了什么爱的礼物。如果你对祖母没有类似的记忆，也许曾有一个姑姑或是好心的邻居分担了母亲的角色，给予了你爱与关怀。遇见一个充满爱的女性角色是生命中宝贵的礼物，因为我们由此可以得知自己并不需要完全依赖某一个人，其他女性角色的积极影响可以弥补母亲的不足。

其他女性角色（祖母等）带来的积极影响与生命馈赠：

_____

_____

_____

如果你的祖母给你留下了负面影响，请在这里写下来，关注它们：

_____

_____

_____

父亲及其他男性会带来什么影响

在"纯粹母爱的缺失"一节开头，我们探讨了母亲、祖母的重要作用，以及为什么缺乏母性关怀会给孩子带来终生的影响。那么父子关系呢？有几代人都经历了战争与和平的交替时期，很多男性祖辈在战争中或死或伤。

如今，很多父亲或是其他男性仍然很难与他人建立情感上的联系。军事化的养育模式至少在纳粹时期就开始了，这种社会心理现象产生的后果延续至今。例如约翰娜·哈雷尔（Johanna Haarer）的育儿书《德国母亲和她的第一个孩子》（_Die deutsche Mutter und ihr erstes Kind_）就是一个典型。1945 年第二次世界大战结束时，这部颇具灌输性的教育指南已售出了 69 万册。在此我想引用西格莉德·张伯伦（Sigrid Chamberlain）的《阿道夫·希特勒，德国母亲和她的第一个孩子：两本纳粹时期的育儿书》（_Adolf Hitler, die deutsche Mutter und ihr erstes Kind. Über zwei NS-Erziehungsbücher_）中的内容来阐释服从教育所造成的巨大发展性心理伤害。

> 无论日夜，孩子都应该自己安静地待在房间里。家庭与孩子的分离应该从出生那一刻就开始：婴儿洗过澡、换过衣服之后，就应该独处 24 小时。而后再带到母亲身边进行母乳喂养。生命的第一分钟就与人隔绝，建立关系所需的一切事项都被禁止，最主要的是阻止父母和孩子之间建立关系。因此哈雷尔要求除了喂奶、换尿布、穿衣服和洗澡外，父母和孩子不能待在一起。然而即使是这些活动的时间也是规定好的，奶瓶喂养不应超过 10 分钟，母乳喂养不应超过 20 分钟。如果孩子"磨蹭"或"发呆"就应中断喂食，只有在下一次规定时间才可以再次提供食物。如果孩子在此之前就饿了，也是他咎由自取，下一次他就知道要抓紧时间了。

这种军事化教育在二战之前已有雏形，流毒无穷。再加上很多人在战场上受到了二次创伤，他们不得不封闭自己的感情，变得强硬。时至今日，"硬汉"的理想模型仍然留在我们的集体意识中。敏感的男人会遭受许多非议，甚至女性也抵触敏感的男人，害怕他们不能保护自己。

父亲在孩子的成长过程中发挥着极其重要的作用。在这一节中，我们将概述在这个时代有哪些典型的父亲形象。稍后你将有机会回忆一下自己的父亲符合哪些类型，而他又如何影响了你的人格发展。

在我们讨论这个问题之前，我想请你借助电影胶片看看大部分和平的原始文明中"正常"的传统结构是什么样子。这些古老的原型具有强大的治愈能力。感谢美国电影导演詹姆斯·卡梅隆（James Cameron）为我们带来了这份礼物。

《阿凡达》：一部让我们集体觉醒的电影

科幻电影《阿凡达》为我们很好地描绘了一个古老的社会结构。在电影中，观众看到了一个热爱自然、高度崇尚精神力量的文化，但其随后被冷漠的工业化文明攻击，故事的起因则是开采稀土。卡梅隆向我们展示的正是当今盛行的侵略者文化，一个追求利益、权力和机械化的社会。经济的发展也造成了全球自然资源被破坏，但人们没有停止。究其原因是人们看待世界的唯物主义观点，人们不觉得地球是一个富含生机的生命体，一个像母亲一样慈爱地呵护我们的生命体。它也渴望得到尊重，对自然的不尊重通常体现为对女性的不尊重，因此我们社会中的母性力量也长期失衡。

影片中的一个亮点就是对大自然母亲的描写，它并不浪漫柔弱，而是狂野危险。只有训练有素的原住民"纳美人"知道如何在其中生存，如何与植物、动物沟通，而后闯入的军事部队离开机器和武器就束手无策。随着故事的发展，纳美人巨大而神圣的先祖之树被入侵者炸毁，这是对这个文明连根拔起的巨大冲击。这些明显的符号与我们真实的历史相呼应，这也是这部电影能如此成功的原因之一。影片中的反派是一个典型的冷酷军人，他愿意牺牲一个神圣的地方及其背后的整个文明来满足客户的利益。

故事的主人公杰克从目光短浅的蠢货成长为有责任感、精神觉醒、有保护欲的战士，代表着他的成熟。随着这一转变，这颗陌生星球的智慧女性妮特丽与他相爱，而相爱的前提是杰克证明了自己值得，通过妮特丽的训练和点化，杰克成为一个负责任、有同情心的成熟男人。

这真是再合适不过的阐述了。通过女人的爱（吸收了女性品质），男人达到了平衡，进而找到了自己真正的力量，可以保护、拯救别人，可以承担风险、建立关系。故事中的主人公改变了立场，离开了只会破坏的原生集体，融入了这颗神秘星球的自然文化。他再也不想回到那个充满破败和悲伤的世界。

很多人在第一次看完这部电影走出电影院时都感到一股悲伤与惆怅，因为他们突然意识到了我们这个时代正在发生什么。这部电影唤起了我们在生活中对于和平与自然的渴望，也很好地展现了对精神、自然、女性三者关系的思考。

父亲带来的童年情感创伤

让我们来看看男性给你带来了哪些童年创伤，父亲是其中最重要的角色。我将向你罗列一些常见的父亲形象，你肯定能从中找到自己或朋友父亲的影子。当然，这些只是对现实的简化概述，实际情况还会有所出入。为了更加清晰地进行说明，我在这里只集中讨论最典型的例子。

沉默寡言的工匠

这可能是我们这个时代最常见的父亲类型之一。女性很喜欢工匠型的男人，因为他们很实际，盖房子、装修、修车、打理花园和日常生活中一切问题都可以解决。因为身怀多技，工匠型父亲貌似是很伟大的父亲，知道怎么筑好家庭的小巢。他们一眼看去总是独来独往，沉默寡言，沉浸在自己的工作当中。在孩子眼中，父亲一般只在周日出现，因为其他时间他们都在建筑工地、车库或者花园里干活。这种类型的父亲在情感上疏离子女，通常会忽视女儿的成长过程，而儿子则会试图效仿父亲，希望得到父亲的认可。

工匠型父亲给孩子带来的典型影响及伤害：

- 感觉自己无足轻重。
- 缺乏肯定和认可。
- 常被讽刺，缺乏亲密情感。
- 认为男人和女人无法互相理解。
- 只盯着成绩看。
- 自我忽视。
- 感觉没有人真正理解、重视自己。

技术宅

技术宅型父亲也非常普遍。这样的男性通常有一个技术性的职业，比如工程师、建筑师、计算机科学家或是电工。通常他们也会有学术头衔，类似物理学或高等数学的博士或教授头衔。对技术的迷恋可以体现他们智力超群，但遗憾的是这也常常意味着他们缺乏社会生存能力，有些人甚至会有轻微的阿斯伯格综合征或自闭症。这些人有能力在经济上支撑自己的家庭，但感情问题对他们来说就像是异世界的问题。

我的祖父肯定就是这一类人。他是一名工程师，在技术上很有天分。当我告诉他我想学心理学时，他问我为什么不学一个"真正的专业"，因为心理学的一切对于技术宅型人来说完全是虚无缥缈的。

由于这些职业的社会认可度很高，很多人甚至都忽略了他们难以给妻子和孩子传递温暖的问题。患有隐性阿斯伯格综合征或自闭症的男性对技术的理解要比对人际关系的理解多多了，这也导致了很多家庭冲突，特别是妻子和孩子在情感上有需求的时候。当然，这不仅适用于患有阿斯伯格综合征或自闭症的男性，也适用于所有将自己的感情切割、完全活在智力和脑力中的男性。但他们往往是很负责任的父亲，努力让孩子赢在生活的起点上。在讨论实际生活问题的时候，他们把自己视作理智的谈话对象、战略家和顾问。

技术宅型父亲给孩子带来的典型影响及伤害：

- 感觉不被理解、不被爱。
- 感觉不受重视。
- 缺少情感关爱。
- 缺少身体和精神的亲密接触。
- 活力被抑制。
- 幽默总被误解为无礼。

- 情绪找不到出口，因为家人不喜欢表达情感。

高敏感

高敏感型父亲很罕见，但也是很重要的一个类型。遗憾的是，男性的高敏感甚至比女性更受忽视和否定。高敏感型父亲心思细腻，富有同情心，亲近自然，富有创造力，往往喜欢音乐或是有精神信仰。他们经常向子女传达超越物质主义的价值观。高敏感型父亲工作不尽相同，有做技术的，也有做艺术的。如果你的父亲高敏感，那么小时候的你应该可以感受到和他很紧密的联系，可以获得温暖、安全感和亲近感。一般来讲，高敏感型男性容易被主导型女性吸引，在家庭中处于弱势地位。然而如果他们足够幸运找到和自己相似的伴侣，婚姻会非常和谐。

在童年时被自己父母压迫欺负过的高敏感型男性往往不够自信。他们在冲突中屡屡败下阵来，总是感到内疚，持续自我怀疑。更有甚者会用酗酒来麻痹痛苦，给家庭带来负担。孩子经常在成年之后才懂得欣赏父亲身上隐藏的闪光点，例如有信仰、有创造力、亲近自然、有道德感。

高敏感型特别是那些被强势妻子压制的父亲给孩子带来的典型影响及伤害：

- 因为男性榜样不能撑起保护伞的形象，所以感觉自己也不够强大。
- 厌恶冲突。

- 过分妥协。
- 缺乏自信。
- 有成瘾行为，觉得羞耻，但只会隐藏逃避。
- 对好脾气的父亲颐指气使（利用父亲的好脾气越轨）。

缺席的父亲

当父亲几乎没有时间陪伴家人时，家庭纽带就会出现断裂。第二次世界大战中许多父亲死亡或失踪，留下了伤痕累累的母亲和孩子。还有很多孩子不知道自己的亲生父亲是谁，我在第一章中已经探讨过这个问题。你应该记住，家庭中的这类秘密会严重影响孩子的自我认知发展。

孩子在不了解父亲时会对父亲有很多幻想。对他们来说，对父亲那边的根一无所知是一种永远的遗憾。此外，孩子们在成长过程中还必须面对没有父亲的羞耻感，因为在许多公开场合和日常生活当中，父亲的角色都是必需的。

没见过父亲、成长过程中身边只有女性的男孩也很难塑造自己的男性人格，因为他们缺少自我认知发展所需的男性榜样。他们会质疑自己是否是一个强大的男人，是否可以建立家庭。缺少父亲的女孩没有被父亲牵着手走的小公主体验，这也严重影响健康的自我认知发展。

拥有父亲但父亲一直缺席，不照顾孩子，孩子会觉得自己毫无价值。父母离婚重组家庭的时候常会出现这种情况。

缺席型父亲给孩子带来的典型影响及伤害：

- 感觉自己不值得被爱。

- 羞耻。

- 孤独，对幻想中的角色充满渴望。

- 感觉空虚。

- 觉得自己是母亲的负担。

- 生活中充满迷茫。

- 不知道自己的根在哪里。

族长

是的，现在仍然存在这样的父亲。他们强势、强悍，有时还有点自恋，认为自己是家庭的国王和统治者。族长型男人喜欢找软弱的灰姑娘型女性，让她臣服于自己，满足自己的所有需求。他喜欢在智力上压制妻子和孩子，也常常会牵扯出婚外情或是让妻子与女儿竞争，形成难堪的三角关系。

族长型父亲像对待公主一样对待女儿，作为回报，女儿也应该视他为偶像，认为他是自己生命中唯一的男人。女儿往往会吸引与父亲同类的男人——这是非常不幸的，因为她们永远都不能得到情感上的亲近与欣赏。族长型男子会贬低自己的妻子，让其与女儿们产生竞争关系，这就是为什么这样的家庭中每个人都非常疲惫空虚，因为她们总是在试图争夺丈夫或父亲的爱。

族长型男子的女儿受到了不健康的影响，会爱上那些疏离、冷漠的男性。但如果有男性真的爱上她们，想要靠近的时候，她们又会觉得难以接受。族长型男子的儿子要么成长为"小族长"，要么一生都在遭受父亲的支配、漠视或打压，这也阻碍了他们自己的人生发展。

族长型父亲给孩子带来的典型影响及伤害：

- 缺乏自信心。
- 永远背负竞争的压力。
- 质疑自己。
- 恐惧真正进入亲密的情感接触。
- 总觉得自己不够好。
- 不能或不愿独立成长。
- 对父母（尤其是父亲）形象过分理想化。
- 关系中强烈的不安全感。

父亲如何影响了你

纵览不同的父亲类型，有哪些适用于你的父亲？选取1~2个类型，写下这种父子关系在你成长过程中带来了哪些情感创伤。试着回忆一下小时候受到伤害时的最大感受。有时可能是一些非常具体的事件和场景影响着你的整个人生。写下相关的想法、感觉和你的决定，勇敢地直面它们，和你的内在小孩站在一起。同时也写下父亲积极的一面，当想起那些快乐温暖的童年时刻时，试着感恩。

父亲带给我的主要童年创伤：

_____

_____

_____

至今刻在我脑海里的想法：

_____

_____

_____

与父亲的美好回忆，及他向我传递的积极信息：

_____

_____

_____

找到震中

　　走向自爱也就意味着勇敢面对童年经历的创伤，克服它们，获得成长。我们经常可以在今日的冲突中听到和小时候一模一样的指责，生活似乎陷入了奇怪的循环。

　　如果你已经在典型父母形象一节认识到了自己的童年烙印，下面这个练习可以帮你加深认识。

练习：探索核心感受和相关思想

- 第一步，回想一下近期你在职场或生活中受到过什么伤害，也许是工作中的冲突，恋爱中的争吵、分手，或是其他任何一种失落。这就是你要分析的当前事件，在下页图的最外圈里写下冲突是什么、你的感受和你的想法。

- 第二步，试着回想童年时是否发生过类似的情况，将其作为当前冲突的模板。在中间圈里写下当时的事件以及涉及的家庭成员。

- 第三步，聚焦在伤害的震中。在最内圈写下最伤害你自我认知的是哪种感觉。

示例：

- 当前事件：我的男朋友和我分手了，我发现他马上就交了新女朋友，他其实从来没有爱过我……

- **过去事件**：我的父母离婚了，我的父亲是如何处理离婚的……
- **核心感受**：觉得自己毫无价值

常见的核心感受

下面列出了自尊受挫时常见的一些核心感受：

- 觉得自己不值得被爱。

- 觉得自己一文不值。

- 无力感。

- 孤独感。

- 被背叛。

- 悲伤。

- 被抛弃的害群之马。

- 没有归属感。

- 不被理解。

- 不受重视（人们看不见真实的你）。

- 是别人的负担。

- 为自己的存在感到内疚。

- 罪恶感。

- 苦涩。

- 觉得自己不重要。

- 被父母的争吵撕扯。

核心感受背后的负面思想

　　这些描述我们受伤害的核心感受背后隐藏着一些负面思想，而这些思想会无意间对我们的整个人生产生负面影响，阻碍我们建立人际关系、取得成功。它们只是我们对自己和世界的习得性假设。下面是一些常见的想法：

- 我是一个负担。
- 我是不值得被爱的。
- 我是一个局外人。
- 我是一个失败者。
- 我很愚蠢。
- 我还不够好。
- 我不属于这里。
- 我很丑陋。
- 我不是一个真正的女人 / 男人。
- 我是不重要的。
- 我必须一直保持坚强。
- 没有人理解我。
- 没有人看得见我。
- 没有人听得见我。
- 我总是要为他人调解。
- 我不是焦点。
- 如果能让别人高兴，我就高兴。
- 我永远也不会有什么成就。

- 我永远都是孤独的。

伤疤不能定义你

当你面对脆弱的情绪或想法时请不要害怕。你感到受伤，就意味着你内心深处有对爱的渴望，意味着你保持着人性、真实、亲切和生命力。你受到的伤害不能定义你是谁。感到受伤只是一种状态，并非与生俱来的。这就是为什么我们需要和自己灵魂的本质重新建立联系。

你的生命由纯洁的爱与思想构成，而受到的伤害只是一层蒙在你的心灵意识上的面纱。也许你还记得小时候的故事，你想要与父母或兄弟姐妹和解；也许你的父母已经分居，你希望他们重归于好，大家可以和谐宁静地生活在一起。在内心深处，我们都对美好、正确和健康的生活有一个定义。

不幸的是，很多人过分固执，无法突破自己的行为模式，无法改变破坏性行为。但你的生活不必困顿于这种伤害的循环中。成年人不能和平地解决家庭矛盾，不能道歉与和解，这看起来令人十分难过。他们把整个家庭的幸福抛在脑后。很多人也因此心灰意冷，不再相信自己的生活会变得更好。

如果你准备彻底放下那些伤害，再次向爱敞开心扉，你需要鼓起勇气完全放下那个曾经不被爱的孩子角色。我们的自我应该具有一致性，即我们的体验和性格应该保持统一。俗话说："过去如此，将来也会如此。"当我们重复经历童年创伤时，会在眼前的冲突面前一次又一次想起旧事，难以忘却。

别人没有爱的能力不能说明你不值得被爱。别人的背叛也不意味着什么，只代表他们自己的意识形态。

但作为孩子很难意识到这一点。7 岁之前儿童对世界的看法是以自我为中心的，他们不能分清自己和环境的差异。但现在的你已经是成年人了，可以分辨清楚。你终于可以站在你内在小孩的一边，你肯定也会遭遇许多失望，但重要的是你要知道自己是可爱的、有价值的，是我们人类大家庭中一个活生生的个体。

杨（高敏感型）：深层的痛苦得到释放

现在我已经拥有了自爱的第一把钥匙（通过西尔维娅的在线课程），我越来越相信这种形式的自助适用于我。我尝试过许多不同的治疗手段，也认识了许多医生、心理学家、治疗师、大师和教练。过去，我一直在寻找一个帮我卸下心理负担的人，但却总是被蒙蔽、误导、操纵、污名化和愚弄。没人理解我真正需要什么，以及我为什么想学习自救。

我最负面的想法是：我是一个病态、不安、烦人、讨人厌的失败者。都是我的错。

当我意识到这些时，我的眼泪夺眶而出。但很快我竟感受到了一股充满能量与爱的力量。巨大的能量击穿我的全身，直达心底。

这是怎么回事？我问自己。刚才的痛苦是那么强烈，但现在却突然释然了。我突然意识到些什么，我已经找到了面对苦痛的勇气。这些年来，我一直想找到一个帮我积极面对自我问题源头的工具，但是没人可以或愿意帮助我。现在一切就这样发生了，我的心打开了，甚至可能是有生以来第一次，我也从自己身上得到了爱。

想象力的能量

内心的愿景往往可以用音乐旋律所描绘，这也就是为什么每个时代都有自己的音乐。在越南战争期间，约翰·列侬（John Lennon）的歌曲《想象》（Imagine）影响了数百万人，让人们投射了对自由与和平生活的内心想象，这不是没有原因的。这首歌的力量就藏在歌词里："想象一下……会是什么样子？"因此我自己在冥想或写作的时候总会放一些音乐，音乐可以振奋我的心情，让我能够沉浸式投入。

学会创造内心的愿景和和谐的旋律，我们就可以更好地吸收地球的形态能量场。在今天这样的时刻，我们正在经历一场全球危机，很容易就会屈服于恐惧和无力感。但绝不要低估想象力的能量，我们可以成为传递者，而不是被动输入假象的接收者。

我无意把"积极思维"作为解决问题的万能钥匙，只是想邀请你和我一起走上自爱的道路，就像针灸刺在身上可以刺激身体内部的器官一样，内心愿景也可以触动你的灵魂，冥想或同灵魂深处对话也是同样的道理。关注内心世界，你能激发出前所未有的能量，达到自我疗愈的目的。

你的内心守护者：抚平情感创伤的良药

通过练习发现自己内心最刺痛的核心，消除相关负面想法，你就有机会得到治愈。你不再需要无限循环在童年阴影里，你会发现内心的守护者可以帮你治愈受伤的内核。在它的帮助下，你终于可以守护自己的内在小孩。

为了让这种想法深入你的潜意识，你可以想象一个内心守护者的形象并与他对话。在我的研讨会和在线课程中，我喜欢用指导性的冥想带领我的听众在安全环境里深度放松，触及那个积极的内在声音。内心的守护者来自不同的古老原型，也许是童话故事，也许是神话或传说。它可以是一个教母、一个守护天使、一个长着胡须的智慧老者、一个身穿盔甲的骄傲骑士，也可以是你生活中某个真实的人物，一直守护着你，可以敞开心扉向你表达爱与呵护。

现在我想带你进行一次向内的旅行，去见你的内心守护者。这是一个指导性的冥想，如果你闭上眼睛只用耳朵听这段文字会更有帮助。你可以念出来，或是录成音频，这会帮你进入自己的内心图像世界，充分放松。

准备好然后放松地坐下来，播放一段平静的音乐，让自己感到安全、受保护，之后闭上眼睛。

冥想：与内在守护者相遇

想象一下，你正身处于一片美妙的风景中，这里让你有家的感觉。在这片土地上找到一个让你心安的地方，安定下来。现在从你的心脏最深处开始深呼吸几次，你的腹腔也随之起伏，一同呼吸。每次呼气时，试着释放掉肌肉中的紧绷。肩膀、腹腔和咽喉是常见的紧绷区域。像是我们在紧张时会感到喉咙有肿块、胸部压着石头、喘不上气。如果你有这些症状，继续深呼吸，放松，充分接纳自己，不要自我评判。

当你感到平静时，看看四周的风景。想象有一个身影从远处向你走来，它散发着爱、和平与安全感的光辉，这就是你的内心守护者。逐步清晰地勾勒出这个守护者的画像，你可以看得越来越清楚了。它是男性、女性还是雌雄同体？它是童话中的生物、天使还是你生活中的一个人？让它充分靠近你，感受内心守护者为你带来的温暖、感知和接纳。在这个充满爱的人面前，你可以彻底放松、自信，做自己。你的内心守护者现在牵起了你的手，和你一起坐下，并且温柔地陪伴你穿过内心的美妙风景。你们相互交谈，充分理解对方，你告诉它现在的你感觉哪里受伤，也可以谈论童年创伤。

把这个场景刻在脑海里，和这个充满爱的人物一起审视一下外界正在发生什么。现在你就像一个隐形的观察者，旁观自己与那些伤害过你的人交流。内心守护者站在你旁边，向你的内心小孩解释目前发生的事，它帮你把一切摆平，告诉你你是值得被爱的，这一切都不是你的错。

现在你们可以一起穿越回童年，用同样的方法去审视那段时光。在那里，内心守护者也会帮你从全新的、治愈的角度看世界。它告诉你，不是一切都因你而起，那些成年人有自己的动机、挫折、挑战和行为模式，在你出生之前就早已成形了。

如果你的核心感受是内疚，内在守护者会帮你从全新的角度出发，告诉内在小孩父母的分离不是他的责任，他不该因此挨骂。

你的内心守护者向你传递了这些信息：

- 你是可爱的。
- 你是有价值的。
- 你是强大的。
- 你属于这里。
- 你值得被人们支持。
- 你会被理解、被倾听、被看见。
- 你是一个礼物。
- 你是无辜的、纯洁的。
- 你是重要的、价值连城的。
- 你可以拥有活力。
- 你是无辜的，父母之间及他人的冲突与你无关。
- 你的感觉很重要，也很正确。
- 你可以享受你的生活。
- 你可以拥有快乐和乐趣。
- 你可以悲伤。
- 你可以保护自己，对别人说"不"。
- 你有能力将自己从这些伤害中解脱出来，重新打开你的心扉。
- 你就是爱。

现在让你的内心守护者说出一些与你情况适配的话语，仔细倾听自己的内心，你会听到它的声音。

现在冥想结束，深吸一口气，睁开你的眼睛。

记下你与内心守护者相遇时的重点，每当你再次受到伤害时，就大声重复这些句子。不要忘记，其他人多么无情的行为都与你的存在毫无关系。

童年创伤中养成的生存策略

很多孩子在成长过程中都会发展出不同的策略来应对创伤，保护自己。从本质上说，这是为了满足人的基本需求，而我们会为此发展出一些怪诞的特质。让我们来简单看一下基本需求都有哪些。

- 被关注 / 尊重（存在性的确认）
- 归属感（联结）
- 安全、受到保护（生存条件）
- 被爱 / 被需要（自我认同）
- 成为独一无二的个体（独特性）
- 依恋（被照顾、保护）
- 自主（能够自由做决定）
- 自我实现（发挥自己的才能和天赋）
- 满足欲望（什么能带给我快乐？）

这些需求是纯粹的、无罪的，我们都会有需求。想要健康快乐地生活，就需要满足这些需求。在很多人的经历当中，他们都无意间强化了某些需求，削弱了其他需求，以间接地满足自己。这和原生家庭中的失衡状况有关。

硬币的两面：自我主义和利他主义

你认为利他主义比自我主义更好吗？还是你觉得自己需要多以自我为中心？为了扎实的自我认知，两者都要有！如果我们厚此薄彼，哪种选择都会不太健康。

在谈"自爱"时，只关注自己的需求听起来十分诱人。分离像是一种邪教，他人的需求看起来十分烦人。但在健康的人格发展过程中，我们需要在合格的自我认知及良好的人际关系当中取得平衡。只有拥有和谐的关系和友谊，我们才能充分发挥自己作为人的潜力。

大多数人都只关注硬币的某一面。然而幸福生活要求我们在两面都找到合适的尺度。如果两面失衡，我们就会陷入破坏性的生活和关系模式中。

下文中的表格可以帮你理清你已经拥有了哪些策略，随着时间或场景的变化它们又会如何变化。这些表格也阐明了如果某一领域过于强大和弱小，会形成哪些行为模式。

表 2-1 过重的自我主义和利他主义表现

自我主义——以自己为中心	利他主义——以他人为中心
上瘾（过重）	
过分自我主义	过度自我消耗
总是考虑自己的利益，沉迷于金钱	帮助者综合征
为了自保不愿伸出援手（利己主义）	为他人牺牲自己
成瘾行为：赌博、性瘾、购物……	只有在满足环境需求的情况下才为自己争取一席之地
不惜一切代价实现自我	执迷于和谐共生
不负责任（别人应该照顾我）	幻影自我：只用母亲、工作定义自己，完全放弃自我
自己的需求比他人的更重要	把他人的需求放在第一位，完全不考虑自己

表 2-2 适当的自我主义和利他主义表现

自我主义——以自己为中心	利他主义——以他人为中心
建设性的，富有生命力的	
适当的自我主义	适当的人际关系
（自我的力量）	（集体的力量）
充分感受并实现自己的需求	良好的人际关系能力
快乐是第一要义	富有同情心、同理心
做自己喜欢的事	创造和谐是一种让步，而非自我牺牲
知道自己想要什么并能为之奋斗	受喜爱的谈话对象
能够体察自己的情绪	良好的解决冲突能力
能够说"不"	可以独处，也可以与他人共处

表 2-3　过少的自我主义和利他主义表现

自我主义——以自己为中心	利他主义——以他人为中心
毁灭性的（过少）	
严重自我忽视	严重自闭
忽视自己	孤独的生活
不关注自己的需求	总是逃避，不愿向前
饮食失调（厌食症）	缺乏与人交往时的妥协意愿
苦行僧般生活 （用禁欲、贞洁、赤贫来要求自己）	只愿意为自己负责
"如果我低调隐身，我就可以独处了"	拒绝对方的需求 （"大家都应该自己顾自己"）
不承担责任，也不向任何人寻求帮助	实现自己目标时不考虑他人
害怕求助，害怕收钱	不在意归属感，只追求自由
灰姑娘综合征	

看清自己

当你读上述表格时也许在某些地方点了头，在某些地方摇了头。仔细思考以下问题，做一些笔记，过段时间再拿出来看看自己是否有变化。

- 哪些描述与你相符？
- 你对此有何感想？
- 你认为哪些方面自己做得过火了？
- 你在哪些事情上可以重归平衡？
- 这些策略背后代表着什么想法？
- 从表格中你认出了身边的哪些人？
- 未来，哪些需求你可以更加健康地满足？

桑德拉将自己从原生家庭中解脱，摆脱剥削性关系模式

在一次生活中的危机之后，我开始集中审视自己过去遗留的问题。在与丈夫结婚近 20 年后我们分开了，而且场面很难看。当时我付出了一切，丈夫几次生病、失业，我都全力支持他，但在这一切过后，我被欺骗、抛弃。

我不想旧事重演，所以我开始集中审视自己的问题，因为我意到这一切也有我的问题。我先是买了心理学的书，然后转而研究精神力，最后了解了自我价值、自尊、自爱的内容。我一本接一本地将那些知识吞下。

我意识到自己的原生家庭严重影响了我的人际关系，让我因此常受到剥削。我也意识到，直到分手前我都不知道自己究竟是谁。过去的我只想让别人过得开心，而忽略了自己真正的需求。

在我的研究过程中，我还读到了有关内在小孩和自我批评、原谅宽恕的话题。我在冥想中找到了乐趣。从那时起，我开始更关注自己内心的碎碎念和需求。

自从我敞开自己学会自爱，我就不再是原来的我了。曾经的我只会发挥功用，现在的我开始接受自己是一个既有优点也有缺点的人。如果某件事情过分侵蚀我，我就与它划清界限。这条路走得并不容易，我常被自我怀疑打倒，因为我似乎不再是那个永远充满爱心、随和、对一切欣然接受的人了。每隔一段时间我就会重蹈覆辙。而且我也必须习惯自己

也拥有某些权利，不仅仅是别人拥有这些权利。

同时，我和过去的关系、原生家庭都切断了联系，因为他们对我没有积极影响，我不愿再回想。这虽然很痛苦，但我也感到更加自由了。我的内心还有很多狼藉，但我每天都很期待去清理它们。

柔软不等于过度敏感

现在我希望你可以分清柔软和过度敏感之间的区别。我认为示弱是一种非常积极的品质，它让你记得自己拥有一颗心、拥有感情。当我们以爱的方式面对自己的情感弱点时，我们也是在追寻本心、学会原谅、学会放下、再次敞开心扉。同时，过度敏感是自恋者的通病，他们会关闭自己的内心，变得坚硬冷酷、容易产生报复心理、缺乏同情心，或是有其他阴暗的想法。

自恋者的过度敏感

自恋的人很容易被冒犯，也许只是一句随意的话、没有得到足够的关注、合理的批评或是简单的冲突，比如读错他们名字的发音、没有用礼貌用语、或是质疑了他们某个自我的行为都可能会冒犯到他们。在这场情感大戏当中，他们会责备你如何伤害了他们的感情、如何让他们失望。进一步升级时，自恋者还会利用无休止的抱怨、沉默或失联来惩罚你。一个容易被冒犯的人无法分清他人和自我的界限，所有对他们造成冒犯的行为都是不可饶恕的，而他们却永远不会承认自己的错误。如果你不迎合他们对自己全知全能的设定，或是和他们有相反的观点，自恋者都会感到被冒犯。在面对这样的人时，你通常被无尽的指责轰炸，深深怀疑自己是否值得被爱，容易产生负罪感。当你想要借助内心守护者处理和自恋者相关的情绪时，通常没那么简单，因为他们是扭曲事实的高手，会把造成冲突和感情纠葛的所有责任都推给你。过度敏感的自恋者是非常不理性的，会夸大事实，又拒绝沟通。他们基本不想求得和解，也不想继续讨论。他们只想维持这种剑拔弩张的紧张气氛，把自己描绘成受害者，继续让你感到内疚，进而顺从他们的意愿。

真实的柔软

在示弱时，你会自己承担此时情绪的责任。你虽然知道其他人可以触发这些情绪，但你有更深层次的受伤原因，也就是童年创伤。你的示弱和过度敏感是不同的。如果你能真实地面对自己的悲伤、失望或是愤怒，你才会清晰地了解如何从这个破碎的情感世界中走出来。在你示弱时，你有机会重新关注自己的真实需求，比如你可以指出来哪个具体行为伤害到了你，多用第一人称的表达，例如"我觉得……"，而不是"你让我……"。但是要注意，很多善于操控他人的人也很会用第一人称的表达手法。

当你觉得嫉妒某人，向自己敞开心扉示弱，你能感受到自己内心深处的空洞。你的感觉与这个人完全没有关系，他不过是你内心匮乏感的投射。如果你勇敢地面对自己自卑的一面，就能体会到内心深处对爱的渴望，对亲近、人际关系的渴望。因此你不必展现出自己的嫉妒，也不必蜷缩起来，只需要向自己坦诚，也许藏匿的悲伤和压抑的孤独感正等着被释放出来。当我们向这些负面的感情打开内心，关怀内在小孩，这一切自然会到来。

你越真实地面对自己，越容易与他人建立起爱的关系，保持真实与亲密。你的示弱与敞开心扉也会让自己更容易放下过去、宽恕一切。

示弱的另一个好处是你会更加了解自己的真实需求。当别人想控制你、伤害你时，你也不再需要压抑内心，可以勇敢回击。我们从小就被教育自己的感受并不重要，无论何时都要做个有用的人。但示弱的力量让你尽早意识到哪些关系对你是有害的，你就可以尽早从中脱离。比如，如果你可以意识到某人一直在挑衅你、对你印象不好，你就能感知到不被尊重、会被背叛。下一步，你可以将这些感觉解码为警示信号，保护自己免受未来的伤害。

高敏感与自爱

我关于高敏感主题的书已经畅销了很久。自20世纪90年代以来，美国心理学家伊莱恩·阿伦博士（Dr. Elaine N. Aron）就一直在研究这个课题。这个话题也很受公众关注，很多人都在高敏感的概念中看到了自己的影子。高敏感是一种气质，也是一种人格倾向。我们都听说过古欧洲哲学和医学中的一些分类：好斗的胆汁型、及时行乐的多血型、悲伤的忧郁型和欢快的黏液型。尽管与忧郁型很相似，但一些专家仍会称高敏感为第五型气质。

所有高敏感型的人都有一个共同点，那就是对情绪高度敏感、共情力强、想象力丰富、对感官刺激高度敏感。因此很多高敏感型的人对压力、噪音、人群和社会冲突反应更强烈。他们长期以来都是社会的观察者，是群体情绪精确的地震仪，是优秀的听众和审美者。高敏感型的人会受到艺术、电影、音乐的强烈感染，也与大自然有深深的共鸣，这些都会触发他们的灵性时刻。

许多高敏感型的人从童年开始就饱受自尊心受挫的困扰，接下来我会详细描述。如果你是高敏感型的人，你会在本章中找到一些促进自爱和自我接纳的特别小贴士。

正如我们在"祖辈对锚点的影响"一节中提到的，我们的祖辈都是经历过两次世界大战的。父母、祖父母和曾祖父母未能解决的战争创伤告诉他们要控制情绪。特别在德语国家，严肃、勤奋、坚韧、纪律和理智等品行备受赞扬，而敏感、感性、温柔和示弱往往会被社会诟病。这也让很多人处于不安之中。

想要拥有健康的自尊心，父母需要提供一个仁慈且充满关爱的环境。特别是在生命的前七年，儿童仍然会十分情绪化地面对生活中的事件，这也是它们形成自我意识的阶段。很多家长都会忽视高敏感型孩子的哭泣、焦虑或他们进入想象力丰富或深沉的时刻。诸如"现在别哭""别这么敏感""别这么大惊小怪""你太夸张了"

这样的话会让高敏感型的孩子愈发没有安全感。

许多父母面对孩子的情绪爆发或眼泪都会做出防御性反应：要么是好心想锻炼孩子，想让他们适应生活；要么是缺乏同理心，正如我们之前讲过的自恋者。无论是哪种情况，这些父母都早已剥去了自己的内在小孩，享受做一个世故的成年人。然而他们在应付生活强颜欢笑的背后却是充满了冲突的内心。因此他们无力面对高敏感型的孩子，只能尽可能地压制所有情绪。

如果幼儿无法得到他人对自己情绪状态的同情、尊重，只会导致一个结果：他们会出现强烈的不安全感、自我怀疑、孤独感，或备感压力。他们强烈渴望赢得父母的爱与认可，继而否认自己的情感需求，很多人会出现过度讨好他人的倾向。

为了健康的自我发展，每个孩子的情绪都应当得到回应。由于高敏感型的孩子常常被剥夺这些回应，很多人变得害怕示弱、害怕被羞辱或干脆变成了一个局外人。

珍贵的高敏感品质

为了拥有健康的自爱之心，作为一个高敏感型的人，你需要了解自己的天性，承认自己的敏感和细腻。

除此之外，看到高敏感型的积极方面也可以帮你接纳真实的自己。敏感不能仅被视为弱点或劣势，在许多社交时刻或是创意工作中，它是闪闪发光的宝藏。

阅读以下陈述，看看哪些适用于你，这些即是你的加分项。

- 我是一个优秀的倾听者。
- 人们向我倾诉是因为他们可以感到被理解、欣赏和重视。
- 我对颜色、形状、音乐与和谐有良好的感知。
- 我很有想象力、创造力和预见性。
- 在团队中，我经常起到平衡和调节的作用。
- 我很有远见，也很谨慎，对很多事物都会深入思考。
- 我对待工作十分认真，有时会有些完美主义。
- 我对生活有一种深刻的使命感，并努力为这个世界带来积极的变化。
- 我有高度的责任感。
- 我很会做风险评估并规避风险。
- 我是理想主义者。对我来说，参与环保事业、为儿童和弱势群体争取美好未来是很有意义的。
- 我做决定需要花很长时间，因为要仔细斟酌。
- 当我独自一人时总会有灵感迸发。
- 在大自然中，我可以充电、彻底放松。
- 我有各种各样的理想生活，也常从其中得到启发。
- 我非常喜欢动物。
- 我喜欢和谐。

你同意哪些说法？要看到与你高敏感相关的宝贵品质。问问自己：你已经对世界产生了什么积极影响？你是否对生活和挑战有了完全不同的看法？请欣赏自己的高敏感品质！你创造了不同。当你在想自己的弱点或恐惧时，也要对自己宽容、爱护。

　　许多高敏感型的人在童年时都经历过情感虐待或身体暴力，而在自己的亲子关系中会避免重蹈覆辙。他们往往会成为细心、有保护欲甚至焦虑的父母，想给孩子提供自己未曾得到的一切。这就是为什么许多高敏感的父母喜欢用棉絮裹紧孩子，生怕伤害到他们。同样，也要看到积极的一面，即他们给予了孩子爱与赞赏。这是高敏感型人群的一大优点：他们会努力打破自己祖辈的消极模式。

高敏感人群的自我接纳

　　高敏感人群最有意义的自我突破就是：成功地接纳自己脆弱的情感，继而便可获得健康的自我认知。由于大部分父母会试图压制孩子的情绪出口，许多高敏感型的人在成年以后也很难重新看见自己的感受。

　　一个简单的方法就是爱的自我接纳，并通过有意识地呼吸，温柔地关注自己的情绪状态。一般来讲，当我们压制了规律的呼吸流，也就同时阻断了自身情绪的感知。也许你注意到过，当处于惊吓或重压之下时，你几乎会停止呼吸。所以若想将隐埋的情感重新唤醒，有意识地呼吸、用爱关注内在小孩是关键。不要害怕你丰富的情绪，它们属于你，也会让你的生活变得更有滋有味、丰富多彩。

　　直观的绘画是另一种表达感情的方式。通过颜料、画笔、手指的运动，我们可以表达出一些言语难以描绘的情感。绘画有第二个非常积极的作用，即艺术是我们的移情镜像。通过自己的创意作品，我们可以轻松地、直观地练习自爱，也能揭开隐藏的个性与欲望。

我们大多数人都缺少童年需求的移情镜像。我们看到自己的画的同时也进入了一个反馈循环。我们能够学会用爱的眼光看待自己，不再继续审查内在小孩的真实表达。我们可以看到自己的情绪究竟是何形态，也能在创造性的工作中得到快乐。而这也是一种非言语的确认，带给我们安全感和充满爱的关注。当我们在艺术治疗小组中讲述自己的画作时，就能体会到那种充满赞赏的关注。绘画时你可以表达一切，可以让自己的想象力发挥到极致，用自己的方式来描绘精神主题，例如心灵的意识、天使、自然之灵或是来世。在这里，你不必费神证明或解释任何东西，你的所思所想自有它们自己的方法显示在画布上。

当高敏感的人可以完全接纳自我，他们就可以再次信任自己复杂而微妙的感知，即使它们常年频受质疑。这时，一个自洽的自我画像和稳定的自信就形成了。

为了加强高敏感人群的自我接纳，我推荐以下积极的说法：

- 我接受自己本来的样子。
- 我是一个珍贵的、细腻的人。
- 我的敏感是一种可爱的品质。
- 我爱自己的独特之处。
- 我与自己站在一起，即使遭受拒绝、不被理解。
- 我的情绪是五光十色的珍珠，让生活变得多姿多彩。
- 我在这一生中有重要的事要做。
- 我的高敏感是一种天赋。
- 我真实地对待自己，不加评判。

- 我允许自己展示真实的自己。

- 我的示弱使我更加可爱、亲切。

- 我有足够的能力生活在一段爱的关系中。

- 我感谢自己的特殊天赋和细腻的感知能力。

- 我把自己的同理心视为给人们带来和谐与和平的礼物。

- 我允许自己划清界限并说"不"，因为我知道什么对自己有利、什么对自己不利。

- 我相信自己有丰富的感知。

第 3 章

你的活力与生命力的创造性空间

在通往自爱的道路上，不仅有伤害需要治愈，也有快乐、灵动的灵魂亟待发现。许多心理治疗和训练都会特别关注分析、发现和治疗灵魂的伤痕，但从长远来看这是片面的。我们的内心深处也埋藏着丰富的内在资源，正等待被唤醒。

你的生命能量与创造力

在自我修复之路上，我偶然接触了茱莉娅·卡梅伦（Julia Cameron）的《艺术家之路》（*The Artist's Way*）一书，我至今仍然认为这是全世界最棒的自我救助书籍之一。在书中，作者以一种非常切实的方式告诉我们，内在小孩就是内在艺术家的源泉。你肯定已经读过或听到过许多关于内在小孩的内容。我们每个人的创造力不仅渴望治愈情感创伤，同时也渴望表达真实自我。如果你观察孩子们，会发现他们是那么不加修饰、发自内心地玩耍、大笑、绘画、跳舞和说话。释放内心的创造力和真实的需求表达，一个有关自我治愈、自我赋权的创造性空间就会出现。

你上次在生活中获得纯粹的乐趣与喜悦是什么时候？你曾经热爱过哪些具有创造性的爱好？你能记得多少次偶遇、家庭聚会或自然出游？我们总有一千个借口不遵循内心的自然需求。生活的严肃有时就要吞噬我们，压在肩上的担子有千斤重。我们太懂得如何维持生活、满足社会对自己的期望了。

许多人小时候都被教育不要太活泼、感情丰富、提出需求。因此许多成年人绝望又挣扎地压抑自己真实的情绪、对生活的渴望、愤怒和野性的创造力。每一代人都会继续强化这种本领。但现在人们对内心解放、心理健康和人际关系的需求是如此迫切，越来越多的人开始将自己的内在小孩从原来的桎梏中解放出来。在上一章中，我邀请你拥抱自己的敏感，而现在我想鼓励你去肯定自己的活力与创造力。这两种品质相互平衡，既增加你的深度，又赋予你轻盈感，帮助你更好地迎接生活中的风暴。

练习：体验幸福时刻

把曾经让你感到快乐的活动列举出来。是什么让你幸福满满？你什么时候会处于创造力的心流当中？不要有过多顾虑，兴致盎然地写下这份清单。回想一下你的童年时光，回想你和可爱玩具、绘画材料、四处收集的石子玩耍的快乐。记住所有给你带来深刻幸福感的场景，还有那些让你至今仍能体会到快乐的小事，无论那些事有多傻。回想一下你可以不受干扰进行创作的青春时期，或是和其他年轻人一起跳舞、玩音乐、唱歌的时刻。感受对活力、真实的渴望，那种想冲破一切的能量仿佛就出现在昨天。

我在童年和青春期最爱的创作时刻：

_____

_____

_____

_____

_____

_____

_____

　　现在下定决心，在未来几周内将其中一些活动付诸实践。去做吧！我们总是压抑自己去做这些事，我们思考、斟酌、分析……但如果现实生活中创造性的活动就能为你带来快乐与幸福，你就不再需要做任何冥想了。

　　如果你内心还有抵触，或是觉得下一周也很难实践任何一个项目，就分析一下你的"可以，但是……"心理。但要注意：不要把它们看得很重，可以把它们看作你内心批评者惯常的反对意见。先听到这些反对意见，随后再下决心采取行动。每个周末都写下你还可以做哪些活动、你经历了多少快乐。抱着开放的心态去面对这些小冒险带来的每一个新灵感。

你的野性和感性

骨盆深处藏着我们野性的女性或男性力量。在这里，我们的野性远盖过创造力。这股能量一端联结着你的能量中心，一端则联结着性张力，生命的能量从这里流向全身器官。

大部分人都压抑了自己野性的部分，过着循规蹈矩的生活。随着世界越来越数字化，我们总是待在屏幕前，因此我们本渴望触摸风、水、温暖和肢体的感知器官也随之萎缩了。要找回你的感性，就要到大自然中去，探索周围的世界，最好有大量的皮肤接触。赤脚行走、拥抱一棵树、坐在草地上、让阳光温暖你的身体。蒸桑拿也可以呵护你的感官，从心底温暖你。

有意识地深呼吸可以帮你找到自己的感性与活力。走出你的大脑，让自己落入身体的每个细胞，深入身体，感受这活力与生命力。我们的身体与基本本能密切相连，能感知危险、嗅到恐惧、标记领地、感受月相，荷尔蒙控制着许多情绪及我们的性行为。

克拉丽莎·平克拉·埃斯特斯（Clarissa Pinkola Estés）的同名书描绘并重现了原始女人的原型——"狼女"。狼是本能的动物，具有高度的社会能力、直觉、野性，与大自然融为一体。狼女是我们的另一世，刻在我们的本能之中，无论在何种社会条件下都藏匿在我们的真实本性中。提到这个形象我就会想到北美及南美原住民的萨满女祭司和女药师。我们总容易将野性、热爱自然的形象与美洲原住民（即所谓的印第安人）联系起来。现代世界不再为人们的野性留有空间，武装头脑的潮流让我们离这些张力十足的原型越来越远。但我们也并非对此无能为力。

原始部落的古老传统及仪式已经传播开来，现代社会的我们也可以接触到汗蒸屋、幻想探索、森林浴之类的自然疗愈仪式。我们内心深处都有对原始生活的渴望，每一次游览大自然，爬山、露营、划船、生火烤荠菜都让我们再一次触碰到原始的生命世界。

通往野性的道路：狂喜之舞

美国舞蹈治疗师、灵师加布丽埃勒·罗思（Gabrielle Roth）发明了一种舞蹈运动练习，她称之为"五韵"。在这种形式的自由舞蹈中，你会被带入放空的状态，完全关掉理性思考。本能和身体自然韵律成为主导，每个人内心的舞者被唤醒。舞蹈从松弛的动作开始，逐渐进入狂喜，越来越快、越来越强，最后又回归到温和、缓慢、漂浮的放松状态——就像大自然的波浪运动一样。

五韵分别是：流动（Flowing）、断音（Staccato）、混乱（Chaos）、抒情（Lyrical）和宁静（Stillness）。五韵一体形成一个波（wave），每一组至少重复两次。加布丽埃勒·罗思在她的《生活即是运动》（*Leben ist Bewegung*，Heyne，1998）一书中这样描述：

> 当我们解放身体，心就会打开。当身体和心体味自由时，灵魂也不会落后。而一旦灵魂开始运作，它便会开始自我治愈。

狂喜之舞会使我们感到快乐，感受到生命的流动、轻盈与喜悦。脑子放空时我们会肆无忌惮地放开控制，相信自己的身体本能。世界上没有任何书籍、任何谈话方法可以替代这种空间体验。在彻底放空时，我们将自己从长期僵硬的条件反射中解放出来，野性的人再次活跃起来。无论你是单身还是恋爱，这支舞都为你的狂喜和野性提供了独特又自然的出口。这里没有借口，内心批评者也不再评论，阻碍我们自我表达的社会禁忌像面具一样在运动的激情火焰中被焚烧。

如果你跃跃欲试了，可以在家附近寻找一下是否有提供五韵训练的老师，也可以用 CD 在家自己尝试。传思舞蹈（trance dance）、生命舞蹈（bio-danza），或是其他任何让你做自己的舞蹈也都可以带来类似的体验。

性与自爱

性行为是活力与生活情调的重要表现，但也隐藏着你曾遭受过的伤害、挫折与刺激。最好的情况是，性爱艺术不仅停留于身体层面，更是两个人情感和精神的深度融合。

这个话题早已不再是社会禁忌，性的接触也可能是多种多样的，这也导致很多人从心底切断了自己的性生活。这可能会引发各样的情感创伤，特别是在性接触后双方未能建立起真正的关系，只是相处一次就各奔东西时。两个人似乎都少了许多麻烦，但性行为总是离不开对对方的依恋与渴望。不再有渴望的人已经永久地脱离了依恋和联结的需要。他们看起来自信、坚强、独立，实际上对真正的亲密关系充满畏惧。我们当今的社会总告诉女孩们，即使（还）没有更亲密的关系，早早开始性接触也是正常的。但当接触过后关系没有进一步升级，随之而来的失落与心碎也是难以消散的。这个时代的另一个问题就是，试探性的性爱会产生自我主义或对高潮和极致体验的执念。

神圣的性

总而言之，人们没有真正的亲密关系，心也就仍然封闭。本着自爱和敞开心扉的精神，我想在此明确以下几点。如果你已经身处一段有爱的关系，准备好与对方进行深入的情感交流，你就能在性生活中获得全新的体验。一个崭新的神圣殿堂将为你打开，在其中你会体验到与伴侣的身心交融。这种交融的体验让人心旷神怡，在身体缠绵之后的数小时，人们会像陷入了一朵能量云之中。只有当你在爱中打开自己时，才能体会到这种性结合的神圣。

做爱时，如何能打开你的心？

- 看着伴侣的眼睛，试着寻找对方的灵魂。
- 深呼吸，让自己下坠。
- 留一些时间给按摩、香薰和柔情蜜意。
- 不要把伴侣视作满足高潮的工具，而是心贴心的对象。
- 只有真正对对方有爱时再进行性接触。

- 让高潮自主发展，不要试图加速。这是一种深度的放手，也是对对方的欣赏与信任。

- 如果有事情让你体验不好就停止，即使会显得自己很"不酷"或"保守"。

- 原谅自己曾经在性生活中勉强或伤害过自己。

床上激情退去？不必惊慌！

如果你的恋爱已经谈了很久或是结婚多年有了孩子，性生活的频率常常会减少，性生活也不再像原来那么重要。不需要恐慌，这不是爱情褪色的表现。此时你们还剩下的其实是两人关系的真正基石。总有人觉得心脏要一直怦怦跳才算恋爱，而过了这个阶段似乎就少了点东西，于是他们开始寻找下一段恋爱。在我眼里，这是一种缺乏责任感的表现，是对日常生活的逃避。如果一段关系只建立在性爱上，而性爱消失了，双方也就自然失去了继续共同生活的兴趣。

但有时你不能一次又一次开启新的恋情，特别是有了孩子、房子或是生活中还有其他重担的时候。因此在关系初期就敞开心扉，与伴侣建立深度的灵魂联系至关重要。这有助于未来双方在性生活激情减缓甚至完全消失时仍能共同应对抚养子女的艰辛、职场压力或生活危机。

在这个阶段，重要的是要在心理层面更深入地了解伴侣，建立或重启强烈的情感联系。心心相印可以为下一步的生活打好坚实基础，性生活也可以再次变得亲密、柔软、满足。而这当中完全没有压力、强迫，只有邀请。

没有真爱的婚姻

　　婚姻中不快乐的原因有很多。有些原因可能隐藏得很深，例如双方结婚时并非真爱。人际关系的世界里潜伏着许多隐秘的期望，捉迷藏的游戏比比皆是。

　　有一次，一位女士来到我的咨询所，她的婚姻很不幸福。我就叫她茱莉娅吧。她已经结婚好几年了，女儿刚刚开始上学。茱莉娅在丈夫面前总是感觉拘束、不自在，即使丈夫十分爱她，但她却对丈夫很排斥。她对丈夫不再有任何性的兴趣，相反总会在身边的其他男人身上产生幻想，期待一场充满激情的外遇。

　　在咨询过程中我印证了，茱莉娅之所以嫁给这个男人是因为他苦苦追求她，成为她的保护伞——那时她还没有从过去的恋爱中走出来，十分脆弱，缺乏安全感。因此，尽管她一开始就不确定这个男人是否是那个对的人，但还是投入了这段新关系。

　　这对于茱莉娅来说有几点好处：第一，这个男人信任她、忠于她。第二，在心碎时她不需要独自面对内心的空虚与孤独。第三，他为她提供了一个安全的港湾，只要再生一个孩子就可以构成一个家。茱莉娅扔掉了开始的顾虑，也一直处于强势的地位。她知道这个男人永远不会离开她，因此说服了自己，虽然知道自己并不是真的爱他。

　　为什么人们会让自己进入这种不平等关系当中？我们发觉，茱莉娅的父亲是她的心病。她有一次甚至直接说到，父亲曾经伤碎了她的心。他永远不会对女儿表达爱，也是典型的大男子主义，风流韵事不断，也不尊重女性。他的女儿"永远都不够好"，也得不到他的爱或认可。所以茱莉娅产生了对爱情的渴望，但这种渴望又是可望而不可即的。她总是爱上充满疏离感的男人，看不上像自己丈夫那样柔软的男人，觉得他们不够有魅力。

这是一种十分常见但又十分有害的成长印记，女性会因此被那些有情感缺陷的、冷酷的男人吸引。或多或少是被"男人不坏，女人不爱"这句俗语所影响。她们也可能会把那些冷漠的男人捧上神坛，迅速地用孩子将其绑架，让他无法逃跑。如果男性对这段感情三心二意，女性会本能地察觉到他想离开的信号。在这样的关系中，女性完全得不到尊重。她们被迫成为母亲和家庭主妇，而男性则在外面的世界继续冒险。这也是性生活中缺少爱的明显信号。

说回茱莉娅和她的不幸福婚姻。为了避免再次遭受熟悉的童年的心痛体验，她不自觉地继承了父亲性生活的模式，想要远离自己脆弱的一面、避开失落。因此，体贴的丈夫在她眼里变成了软柿子，而并非需要她真诚对待的情人。这背后隐藏着她女性自我认知的损伤和男性、女性能量的扭曲。她觉得，缺乏心跳就是爱消失的证明，她没有意识到在这段关系中她未曾敞开一秒心扉。她认为除了和丈夫分开，没有其他出路。

练习：联结心房与下腹空间

如果你也认为自己的性生活缺乏真心，那么我想邀请你来做以下练习。在这个练习中，你需要把心房与下腹部的空间联结起来，借此你可以感受、放下并治愈曾受到的伤害。

找一个不受干扰的地方，找个舒服的姿势坐下或躺下。现在闭上眼睛，将一只手放在心房，即你的胸部中间、处于心脏的高度；将另一只手放在下腹部。开始轻柔地均匀呼吸，延展你的胸部；试着尽可能地深呼吸，直到深入骨盆；然后活动一下腹腔。

先联通你与你的心房，体会你能感受到多少爱。保持敏感与纯粹，看看这里隐藏着多少未知的宝藏。问问自己，你是否已经准备好打开自己，走向爱与被爱。把自己从曾经的伤痛中解放出来，敞开心扉，迎接爱带来的滋润、联结、治愈、保护、家一样的多种体验。

当你与自己的爱紧紧相连时，继而把重心转移到骨盆之内的性器官区域，在这个能量中心深呼吸。体会自己的活力如何在这里释放，试着感受这部分身体的独立生命力，而它是否与你的心房断开了联系。要记得，这种断线总是有原因的。

现在你可以建立起心房与下腹空间的沟通桥梁了。

问问你的心房："曾经是什么深深伤害了你，让你对爱关上了大门？"

现在你是否听到了回音？无论它是以图像、记忆、感觉，还是联想的形式出现的。全盘接受这些故事，不加以评判，然后问问自己是否做好准备放下它们，向新的可能出发。例如失去、悲痛或痛苦的负面感觉也可能会再次浮现。继续深呼吸，让这些旧伤沉淀下来。宽恕仪式有时可以帮助你彻底放下过去的伤害。思考一下，想原谅过去的其他人还是过去的自己。

继续延展你的心房，感受爱、感恩、和平与信任。

问问你的下腹空间："曾经是什么深深伤害了你，让你对爱关上了大门？"

现在你是否听到了回音？无论它是以图像、记忆、感觉、还是联想的形式出现的。全盘接受这些故事，不加以评判，然后问问自己是否做好准备放下它们，向新的可能出发。这个能量中心常见的创伤如下：

- 儿童时期的性虐待。
- 无爱的一夜情。
- 分娩时或分娩后的创伤性经历。
- 手术疤痕。
- 被长辈灌输的关于性与活力的负面想法。
- 婚外情导致的情感伤害。
- 羞耻感。
- 被能量吸血鬼吸血。

其中一些伤害需要很长时间才能完全释怀。现在的你只需要看到它们就可以了。

现在让你的爱从心房流向骨盆，让治愈开始。用关爱轻抚所有他人强加在你身上的羞耻、暴躁、受伤情绪。试着放下所有负罪感。

对自己慷慨一点，让心房中的光芒充实自己，把灵魂之光洒向所有曾受过的伤害。如果有某件事情你记得格外清楚，可以借助"想象力的能量"一节中所描述的内心守护者到访的方法缓解。不过不需要现在就彻底丢掉这些伤痛，继续通过呼吸保持心房与下腹的沟通就足够了。要知道你是一个整体，你值得在你所存在的所有层面上被爱、被关注，你可以有尊严地表达自己的生命力。

最后，请原谅自己成年后曾经纵容他人冷漠地对待自己，原谅自己曾经没有做好准备就贸然进入了性生活，原谅自己曾经为了取悦别人而在性关系中勉强自己，那时的你只是不够强大说出拒绝，只是缺乏自爱罢了。

在这个练习中，你有时会看到风景、植物、动物或颜色之类的意象。你可以将这些意象具象化来同它们进行更好的沟通。有时，创伤会以干涸的河流、烧伤的痕迹、受伤的动物或黑暗的房间图像显现出来，不要害怕，这只是在帮你了解自己的精神创伤，以便帮你恢复。

最后，想象心房与下腹空间被爱联结，这让你有什么感觉？在未来你该如何用爱、活力与尊严包裹自己?

孤独和内心空虚

许多人用性填补内心的空虚与孤独感,但总有一天磨人的孤独会再次浮现。很多人无论是单身还是在恋爱中都觉得自己不完整,难以独处。但孤独是一种礼物,它可以让我们与灵魂对话。遗憾的是,很多人害怕它,因为孤独会带给他们内心的空虚。内心空虚往往是童年的回声,那时的我们没有被正确地亲近、看到、爱或认可。许多人在童年时期缺乏安全感和关怀,很难形成稳定的自我认知或自我接纳。内心空虚的感觉也常伴随抑郁症、自恋或边缘型人格出现。如果你的父母有类似病症,那么内心的空虚可能也会转移到你的身上。因为孩子是非常会共情的,与父母在情感上有联结,同时也会像海绵一样吸收家庭中的阴影。

在内心空虚与孤独时很容易在性行为、人际关系、饮食习惯或麻醉品摄入等方面出现成瘾行为。这些东西只是勉强成为我们内心真实渴望的替代品。

治愈内心空虚的两种途径

首先我们需要亲密关系,一段让我们真正被理解、被爱护的关系。另一方面也要有勇气向孤独投降,勇敢地走向精神与情感成熟。

当我们不再一味地寻找他人填补内心的漏洞，才能重新回归自己，这就是与灵魂恢复沟通的方法。要学会在大自然中为自己补足能量，或是通过创造性、发散性的活动为自己输送更高频次的能量，例如唱歌。在理解自己受伤的内在小孩之外，我们也需要一个超我的视角来剔除自己的依赖性，消除内在小孩心中扎根的空虚感。在这种视角下，你会感受到自己才是爱的源泉，可以摆脱完全依赖他人的习惯。

我自己也曾在呼吸训练中深刻体验过这种感觉，我触碰到了自己儿时内心深处的失落之痛。那时我的父母早已分居，我几个月甚至几年都见不到父亲。内心的情绪翻江倒海，我甚至觉得自己快要窒息了，泪水也不能表达出心里的感受。当我不再抗拒这些向我袭来的情绪时，视野也突然改变了。我不再被困在童年失落的痛苦之中，也回想起了那么多个我本可以告诉父亲我爱他的时刻。我突然发现，爱的源泉就是我的内心。无论情绪上遭受了多么猛烈的痛苦，我的内心深处一直拥有一股坚强的爱的能力。这种能力想要向外释放、向外传递，而且不需要回报。它是灵魂赋予我们对爱的基本能力。

如果你努力在孤独时打开自己的深层意识，你就不再需要害怕内心空虚、失落或真空的感觉。把自己沉下去，从隧道的另一端滑出就能走进一个新的宇宙。在这里，你即是爱的源泉。这将彻底化解你内心的所有虚无感。但你不能把这种感觉强加给自己，也不要试图理性地思考它，这是一条仅能从精神层面抵达的道路，需要很大的勇气和奉献精神。

能量吸血鬼盯上你了

如果缺乏自我恒定的能量补给，人迟早会发展成能量吸血鬼。他们的策略有很多，比如在冲突中一直扮演受害者、指责他人、审讯他人、不给他人说话的机会。

性接触产生的能量电荷可能是能量吸血鬼最厉害的招数。很多儿童的性虐待阴影也由此而来。

利用情色作为招数的能量吸血鬼会找上那些永远寻求新刺激的人。他们不会因为别人或者自己正在恋爱或已经结婚而约束自己的行为。你也许遇到过这样的人，他们让你情不自禁产生神奇的性欲。这些人不断地释放出性的气息，直白或隐蔽地调情、寻求身体接触，也一直在寻找新的能量来源。无论谁遇上他们都可以经历一场激情澎湃的心跳体验，产生微妙的恋爱感觉、做美妙的春梦、感受前所未有的极致激情，但最后精疲力竭。还有一些人是隐秘的能量小偷，他们只与调情对象进行很克制的肢体接触，但却能引发人强烈的恋爱感觉，让你反过头给予他们绝对的关注。

尽管这些人对你有不可思议的吸引力，但要小心你可能只被当作他们吸收能量的对象，消耗了自己的能量。或许某个多年前的遭遇让你仍然记忆犹新，回想起的时候仍然心潮澎湃。这可能说明你仍然在被这个人吸走能量。问问自己，是否已经准备好完全离开这个吸血鬼。有时候光是切断联系还不够，最重要的是让自己在情感和能量上都与其完全断联。

我们提到过的几种吸血鬼类型，例如"审讯者"会迫使你为自己辩解；可怜的受害者会利用你的同情；霸道、有攻击性的人会把你卷入冲突，让你有内疚感；还有的人不尊重你的边界、不让你说话、不接受拒绝。无论是哪种类型，所有的能量吸血鬼都有一个共同的特点，那就是他们把你卷入各种形式的依赖和情感冲突当中，引起你的负罪感，并且难以预测，让你的生活变成坐过山车。

如果你在深夜第 100 次试图把闺蜜从可怕的婚姻中拯救出来，那么也许该意识到她可能永远都走不出这段感情了。如果这些谈话消耗了你太多的精力，就考虑抽身而出吧。

更可怕的是自己的母亲或婆婆用内疚感轰炸你，在自恋式的怨恨游戏中操控你。由于你的行为模式已经被规训了几十年，所以往往很难意识到这个过程对你造成了多大的伤害。内疚感和责任感是有力的武器，阻挡人们健康地全身而退。在我们的人生道路上总会遇到岔路口，这时就要决定是要继续留在能量吸血鬼身边，还是远离他们。

如果你内心决定离开某个能量吸血鬼，下面这个练习可以帮你成功。

练习：放开对能量吸血鬼的情感依赖

找一个不受打扰的地方舒适地坐下，准备好纸和笔。做几次深呼吸让自己放松。倾听自己的内心，记得你的内在小孩也在紧紧地抓着这个人不放。

现在写下你心里到底有百分之多少的想法希望放下这个人，100% 就意味着完全放手。不过大部分人第一次尝试时都会比较保守，只觉得准备好了 60%、70% 或 80%，还有些人甚至更少。下一步，允许自己去思考你的顾虑究竟在哪里，常见的可能性如下：

- 你其实希望得到关注。
- 心理阴影让你一直追求不可及的恋爱对象。
- 拥有和此人建立稳定关系的执念。
- 孤独。
- 渴望和解，渴望大团圆结局。
- 不认可自身价值。
- 沉迷于情感或情欲的刺激。
- 责任心过强。
- 害怕被报复或承担负面结果。
- 害怕被社会排斥。
- 逃避家庭冲突，不敢断绝联系。
- 害怕伤害别人，害怕说"不"。
- 害怕失去爱情（"宁可一地鸡毛，也不愿一个人孤独"）。
- 内疚感（"实际上有问题的是我吗？"）。

- 同理心、同情心、乐于助人。

仔细想一下这些说辞哪些适用于你，并写下最能解释你心中顾虑的两个说法。也许它们很荒谬，但你也会惊讶地看到自己的执念。有些说辞似乎是那么有力，但仔细想想：真的是这样吗？你可以维持这种有毒的现状，也可以从中解放出来。究竟哪种选择对你伤害更大呢？

你可能突然就改变了对能量吸血鬼的看法，意识到自己不是单纯的受害者，你内心的某些部分也是帮凶。不需要讨论谁需要为这些痛苦负责，最重要的是先将自己从痛苦中解脱出来。有些原因也许来自你的童年，但作为成年人的你有情绪自主权将其挥散。

现在，想象最大的障碍就阻挡在你与能量吸血鬼之间，这个障碍可以是石头之类的物体，也可以是一个符号或一个生命体。你的注意力从能量吸血鬼身上转移到你们维持的联系上。你会惊讶地发现，这个障碍现在是如此明显，开始相信自己的直觉吧。

与自己的内心联结，这是你爱的源泉。在呼吸中体会爱，在心间升起一道彩虹或五光十色的喷泉，水珠轻柔地滴落在那个障碍上。这样一来，那个阻碍你的障碍也会得到爱的关注，满足其所需。比如你害怕孤独，或是想寻求不现实的和解，你可以把爱分给这个受伤的障碍。你也就能把自己从求而不得的无尽循环中解脱出来。你甚至会为这些时刻流下热泪。

完成这种可视化有两种方式。如果你觉得眼前的障碍是你的内在小孩，那么就让它转变为一个新的形象，你可以想象它在你的心脏或是腹部，与你的内心联结。如果你有恐惧或是其他情绪，那么想象这个障碍变成了鸟或蝴蝶，让它展翅高飞，渐渐远去。

感受你现在正在经历的解脱、自由和内心平静。

✧✧✧✧✧

很多我冥想研讨会的参会者都曾反馈过，他们做完这个训练后感到愉快、宁静、放松和超脱，能感受到一种恒久又微妙的松弛。很多人告诉我，经过这个练习，自己学会了彻底放下。这个时刻并不一定多么宏大，很多时候只是一种平静的情绪从你的内心扩展到整个世界，充斥着你所处的空间。这个空间充满了你自己的能量，让你感到安心、放心。

发现自己的能量吸血鬼行为

在阅读本书时，也许你已经意识到自己会为了寻求他人的关注而做一些事。这时也要用爱来包容自己，要知道这些做法只是因为你的内在小孩还不成熟。正如我在"孤独和内心空虚"一节中所写，我们的内心深处需要得到孤独的许可才能达到自己的灵魂空间。这是摆脱所有成瘾行为的关键，也是构成你情绪自主性的关键。你会成为自己人生的主宰者。

如果你因为某些行为判定自己就是一个能量吸血鬼，那么问问自己想通过操纵别人填补自己内心的哪部分空缺。对大多数人来说，孤独都是那个原因。所以我想再次呼吁大家加强自爱，增强与自己内心的联系。当你停止操控他人时，你才能第一次感受到真正的爱与友谊。让自己的能量与情绪成长起来吧，放开身边的人。你不必控制任何人，不必把他们圈起来。每个爱你的人都会自愿地回到你的身边，愿意与你共度时光。

两极整合：孤独还是联结

现在我们到了本章的最后一节，这个问题也水到渠成。我们在分析人际关系时经常会疑惑究竟什么是正确的做法。要把自己孤立起来吗？是否该与那个人保持联系？当我们把全身心献给伴侣时，是否就失去了情绪自主权？许多人逃避稳定的依恋关系是因为他们过去曾经历过情感虐待或从未体会过真正的亲密。他们在两极选择中很痛苦，要么选择自由，成为独行侠过完一生；要么放弃自我，共生在一个他们觉得丧失自我的关系中。夹在两极选择中的人永远不会感到真正的自由，也不会有真正的亲密关系。在所谓的自由阶段，他们渴望伴侣；但在亲密关系当中，又疯狂地守卫自己的每一寸自主权。

后果就是他们的关系会破裂、频繁地更换伴侣或是长时间处于单身。还有一些人在几十年间一直被困在负面的伴侣关系之中，因为他们从未学会用自己的力量站起来，享受孤独。

练习：调和联结与自主性

如果你想停止在两个极端之间反复横跳，那么整合心里的两极很重要。

你可以先写下对亲近、依恋和关系的负面想法，我相信你在阅读本章时脑海中已经浮现出了一些东西。看到自己究竟在害怕什么，以及为什么你想逃。接下来可以练习一下我在练习结尾提供给你的肯定性说法。

试着告诉自己，你永远都不会被困在一段关系当中，你总是有机会听到自己真正的心声，你不必在伴侣关系中放弃真实的自我。同时，要记住依恋和亲近都不是问题，你自有很多解决办法。真正的亲密、情感上的贴近、心与心的联系才会给我们带来家的感觉。在那种环境下我们可以安全地探索生活，你的心中也会建立一种我们称之为家庭的社会纽带。

如果你在长时间的单身之后突然进入亲密关系，很可能你们双方都已经有了除对方之外的生活。很多恋爱都会这样，两个人都有自己的家，谁也不愿意轻易离开。因此可以暂时不谈这个问题，不要急于搬到一起，因为住在一起是一种夫妻模式的模拟。真正的亲密关系不能简化为一起住，更主要的是情感世界中的关系。

- 每段关系都让我有机会更好地了解自己。
- 我可以在一个充满爱的友谊／恋爱关系中做自己。
- 我身处的关系越健康，我就越有安全感，我的内在小孩也能得到治愈。

- 我是自由的，即使在有关系的束缚之中也是自由的。

- 真正的亲密和关系会帮我持续地释放孤独与寂寞。因此，我在情感上越独立，越不易受他人操控。

- 我允许自己从负面的关系中学习，不断成长。

- 我足够强大，不会重复破坏性关系的模式。相反，我从中培养起了一种健康的自我保护机制，可以在必要时说"不"。

第 4 章

你的意志力：加强自我、本我和真我

在学会自爱的道路上，你可能已经读过许多消解、克服自我的书。特别是那些注重发展精神世界的人，或早或晚都会被本我这个概念所困惑。但是如果我们想发现真正的自我，就不必否定自己，不必与自我做斗争。相反，我们应该肯定自己的生活，时刻准备好为自我站出来，并接受自己敏感的内在小孩。

我们真正的自我并不是只考虑自己的人类劣根性，而是我们的灵魂核心。它本是由爱、和平、慈悲所组成。当我们宽恕、放下、深呼吸、与他人建立联系，再洗去内心的累累伤痕，这个真实的自我就变得清晰可见。

你对自我的信念

在我根据自己的经验解释究竟什么是自我之前，想先请你写下对自我的理解。请放松，不假思考地写下你对自我的了解和困扰。

你对自我的了解和困扰：

———————————————————————————————————

———————————————————————————————————

———————————————————————————————————

———————————————————————————————————

———————————————————————————————————

———————————————————————————————————

不要害怕你的自我

此时此刻，我想请你不要与自我敌对，而是用爱去承认它的存在。自我不是我们的敌人，恰恰相反，我们口中的自我是一个强大的生存工具，它在生命初期直到青春期都帮助我们适应环境、制定策略、应对各种不妙的生存条件。因此，我们应该给予自我最大的感谢和爱。我们内在小孩和所有的成长印记、怪癖、应激反应也都是自我的一部分。

拉丁语中的"Ego"即是"我"的意思，但我想对这些术语加以区分（译者注：德语中的"Ego"是"自我"的意思）。一旦你认识到内在小孩或内在青少年是你的自我，即"你自己"，你就不需要再害怕自我。作为一个高敏感型的女性和心理学家，我花了很多年才意识到我们需要一个强大的自我，让我们在生活中更自信。这种"我"的意识是自己独特的、个人意识的精彩表述。我们需要这个强大的"我"来负责任地应对需求、欲望、挫折、生活危机和变化。

我甚至在小时候就问过自己，为什么虽然我在不断变化，但我的自我意识和自我认知从来都不曾改变。当然我没有用到"自我认知"这个专业术语，但意思是一样的。即使我们在生活中经历了很大的变故，"自我"始终是自我意识的核心。

所有致力于消解自我的说法，对于那些实际需要加强"自我"的弱势者来说都是危险的。许多追寻生命意义的人陷入了危险的水域，所谓的自我解体可能会带来混乱、被削弱、易被他人操控、缺乏边界感的后果。

在所有精神或心理干预中，自我都应该被加强。我们实际想摆脱的其实是折磨人的负面想法和情绪，是它们控制了我们在日常生活中的行为，让我们缺乏安全感。我们可以把这称为"假自我"或"扭曲的自我认知"。

我们不能把自己的生命之树从土地上直接连根拔起，坚信自我是一切罪恶的根源。相反，我们应该不断培育"我"的意识根基，然后清除那些长歪的枝丫、寄生虫、营养不足的树枝与枯萎的叶子。

心理干预和自我意识的训练不能像宣战一样，那样就不再是自爱之路了，而是包裹在自我优化的外衣下另一种自我否认的方式。当你停止与生存主义的自我斗争，"我"既不应该像惊弓之鸟，也不应该触发你的内心斗争，让你想放弃自己。用爱与理解的眼光去看待自我，你就能获得内心的平静，欣赏自己为了适应这个疯狂世界所发展出来的个性。

"自我"并不像人们常指责的那样自私。很多人为了生存而忽视自己的需求，不会说"不"，不能捍卫自己的利益，因为知道怎样反抗也无济于事。这就是为什么我们需要一个强大的自我，丢掉愧疚感，帮我们在生活中维护自己的立场。

健康的自我与功能紊乱的自我

在大卫·里秋（David Richo）的《亲密关系的重建》（*Wie man sich der Liebe öffnet*）一书中，我读到了一个有趣的内容可以帮助我们。他区分了"健康的自我"和"功能紊乱的自我"。我们需要一个健康的自我意识去面对生活中的种种挑战。在自爱的路上，我们要一点点修复受伤的内在小孩（自我）紊乱的功能，将其转换为自爱和爱人的能力，学会健康表达。

下面的表格展示了健康的自我与受伤的自我，以及它们各自健康或紊乱的行为表现。

表 4-1　功能紊乱的自我和功能健全的自我的表现

功能紊乱、不成熟的自我	功能健全、成熟、富有同理心的自我
受伤的内在小孩，成年人格不成熟或很扭曲。	痊愈的内在小孩，成年人格自洽稳定。
童年的需求没有被父母满足，因此遗留了匮乏感。不仅只是遗憾童年的缺失，而且试图剥削其他人作为替代以满足自己的需求。	有丰富的情感，能体会到内心爱的源泉。能够不依赖他人并且给予爱、接受爱。修复过童年、青春期或成年时的种种失去。不苛求需求被满足，但也能学会自我满足。

功能紊乱、不成熟的自我	功能健全、成熟、富有同理心的自我
总把自己的利益摆在第一位。当需要在他人身上投入时间或精力时，总要先问"我的回报是什么？"。这背后其实是一种匮乏和索取习惯。	在人际关系中努力寻求付出与收获的平衡。爱护自己、保护自己、保持健康。对自己天然接纳。慷慨发自内心，而并非利益计算的结果。
不断制造情绪化的冲突以引起他人注意。脾气暴躁，容易冲动，几乎无法控制自己的情绪爆发。	放松、平静，因为有能力与他人建立稳定的关系。戏剧化冲突是没有必要的，因为他们可以自然地得到爱与关注。
喜欢嫉妒，总与他人做比较，为了面子而撒谎，对承诺和爱没有信任。认为人只能靠自己。	接受自己，不需要与他人比较。对人际关系有信心，希望沟通是诚恳的。
感到孤独、内心空虚、毫无兴致、筋疲力尽，想通过疯狂消费、冲突、性爱或其他成瘾行为来弥补内心的空虚。	知道自己拥有稳定的人际关系，因此可以独处。成瘾行为越少，越能感受到与自己的内在联系。
有强烈的感情、激情与欲望，但以自我为中心，需要别人来满足这些需求。总需要得到认可，但又害怕真正情感上的亲密，否则就会暴露内心的空虚。	有能力也有兴趣在一段关系中获得持久的、均衡的亲密。能给予，也能接受，有时也可以忽略自己的需求。只有在有爱的时候才会寻求身体的亲密接触，并认为这是美好的。
时刻扮演判官的角色，对他人严厉、轻蔑、谴责、疏远，并且感觉自己很强大、很重要。非黑即白；严于律人，宽以待己。	仁慈、公平、有同理心。能听到故事的两面性，能对不同的观点产生共鸣。能够看到灰色地带，也能看到别人的优点。
通过吃垃圾食品、吸烟、酗酒、吸毒来填补自己内心的空缺。因为缺乏自爱，毫不在意自己的身体健康。	饮食均衡，没有填补内心空虚的执念。可以享乐，也可以停止。
另一个极端：厌食，不摄入营养，像老鼠一样吃东西。不照顾自己，总是在照顾别人。	能够滋养自己、善待自己。对自己和他人需求的关注是平衡的。

你的意志力与自我的诞生

要了解一个人的意志力有多强，只需要观察一下所谓叛逆期的孩子，这个阶段对于自我的发展至关重要。第一次叛逆期在2~4岁，7岁时会有第二次。青春期还有一个成长阶段，通常以与父母的情感疏离收尾。叛逆期的目标是建立健康独立的自我意识。但这些阶段都会让父母非常紧张：孩子们学会了"不"这个词，与成人的指示相悖，行为也与成人的期望相反，发脾气、情绪化、强调自己的需求。有的父母把孩子的意志觉醒理解为威胁或教育失败，会试图用粗暴的手段击碎孩子的意志，或想要教训孩子。当然，家长需要给儿童设置限制，但孩子试探限制也是成熟健康发展的一部分。许多父母给孩子的限制过头了，因为他们把孩子表达意愿误解为对父母权威的挑衅。

我在诊所做心理咨询师时为很多家长提供过咨询。我发现许多家庭都有负面的螺旋式下降发展。孩子们表达自我意志、叛逆、暴力情绪爆发、愤怒或具有攻击性，而家长以拒绝和惩罚作为回应。大多数父母的反应是回声式的，基本是在重复自己父母的教育方式。我在这些咨询中的主要任务就是让父母明白，大多数冲突并不代表父母教育有问题。情绪不稳定的孩子一定在生活中还有很多挫折。当父母用惩罚性措施来强行干预时，孩子们会进一步受到挫折，这只会加重恶性循环。

当孩子用激烈的情绪爆发来挑战周围环境时，父母需要用同情心和理解去帮他们面对。疏导孩子脾气的好办法是允许他们哭。哭泣可以驱散其他攻击性，一方面帮助孩子理解规则、界限和禁忌，另一方面化解他们的负面情绪。同时也需要孩子和父母有充满爱与同情的沟通，而惩罚和冷漠会阻止这种沟通。

战争年代的人和孩子在发展自我意志的时候被操控性教育理念严重干扰。一些和我一起做训练的人甚至告诉我，他们的父母公开表明要打破孩子的自由意志。他们想要的是温顺、乖巧、适应性强的孩子，星期天穿戴整齐去教堂，从不在学校惹是生非。

当然，战后一代不可能永远被关在心灵的牢笼之中。在 20 世纪 60 年代的嬉皮士运动中，年轻人开始反叛，试图冲出被束缚的家庭和社会结构。那是一个从摇滚乐、毒品、性解放和远东寻找精神家园的时代，许多大师级人物来到了欧美。德国电影《橙色的夏天》(*Ein Sommer in Orange*) 就以一种有趣又深刻的方式描绘了这种打破禁忌、对另一种生活的追寻和试图解放的氛围。

我们今天的社会中有许多不同的教育风格，从反权威主义到极端保守主义各不相同。但每个孩子都面临寻找自我及个人意志的挑战。

激活意志力

回顾自己的成长经历有助于思考自己的意志力是否仍有发展空间，或者反思自己在儿童或青少年时期的个性发展是否曾受到过压制。你还记得自己在幼儿园或青少年时期的反叛经历吗？

自我接纳不足的人在青春期几乎不会反抗，他们是"随和"的。而充分自我接纳的人则更敢于打破禁忌、跨越界限、尝试新事物。

练习：发掘自我意志

在寻找自我意志的旅途中，自由联想可能会有帮助。补充完整下列两个句式，你会惊讶于自己的潜意识究竟隐藏着什么东西。

激活你体内炙热的意志，想想你的太阳神经丛中有一头金色鬃毛的美丽狮子。让你的思想徜徉在未来，让自己有力地激活自己的内在意志。

我想要＿＿＿＿＿＿＿＿＿＿＿＿＿＿＿＿＿＿＿＿＿＿＿＿＿。

我想要＿＿＿＿＿＿＿＿＿＿＿＿＿＿＿＿＿＿＿＿＿＿＿＿＿。

我想要＿＿＿＿＿＿＿＿＿＿＿＿＿＿＿＿＿＿＿＿＿＿＿＿＿。

我想要＿＿＿＿＿＿＿＿＿＿＿＿＿＿＿＿＿＿＿＿＿＿＿＿＿。

我想要＿＿＿＿＿＿＿＿＿＿＿＿＿＿＿＿＿＿＿＿＿＿＿＿＿。

我想要＿＿＿＿＿＿＿＿＿＿＿＿＿＿＿＿＿＿＿＿＿＿＿＿＿。

我想要＿＿＿＿＿＿＿＿＿＿＿＿＿＿＿＿＿＿＿＿＿＿＿＿＿。

我不想要＿＿＿＿＿＿＿＿＿＿＿＿＿＿＿＿＿＿＿＿＿＿＿＿。

我不想要＿＿＿＿＿＿＿＿＿＿＿＿＿＿＿＿＿＿＿＿＿＿＿＿。

我不想要＿＿＿＿＿＿＿＿＿＿＿＿＿＿＿＿＿＿＿＿＿＿＿＿。

我不想要＿＿＿＿＿＿＿＿＿＿＿＿＿＿＿＿＿＿＿＿＿＿＿＿。

我不想要＿＿＿＿＿＿＿＿＿＿＿＿＿＿＿＿＿＿＿＿＿＿＿。

我不想要＿＿＿＿＿＿＿＿＿＿＿＿＿＿＿＿＿＿＿＿＿＿＿。

我不想要＿＿＿＿＿＿＿＿＿＿＿＿＿＿＿＿＿＿＿＿＿＿＿。

许多人更容易说出自己不想要什么，但这同时也能侧面反映出你想要什么。看看你不想要的东西，试着说出它的反义词，将其转化为正面的表述。

否定的表述："我不再想成为公司所有人的情绪垃圾桶。"

正面的表述："我想要勇敢地为自己考虑，远离那些只想找我哭的人。"

转化否定的句子具有强大的力量，往往只有这样我们才能知道自己真正想要什么，而以前的自己只知道"我不想要什么"。

如果你说的否定表述更多，证明你的意志中心被削弱了。很多想要表达自己欲望需求的孩子会被父母斥责，就像一个被修剪过的盆景。而父母这样做的目的往往是教育孩子，让他们适应"生活的艰难"，而把"疯狂"的梦想视为"不现实"。

当创造性的自我表达受阻

我想讲一个受训客户的故事。托马斯是一个在幼儿园和小学时期就凭借音乐天赋脱颖而出的艺术家，他在一个小镇上长大。他的父母是十分缺乏安全感的人，无法实现自己的潜力，生活环境也很单纯。托马斯幼儿园和小学的老师都早早地意识到了他的音乐天赋，知道他已经远超同年龄孩子的水平。老师们建议托马斯的父母送他去学音乐。

由于托马斯家里生活不富裕，父母没办法给他买像钢琴这样昂贵的乐器。而且他们自己没有安全感，所以也根本没有考虑儿子会有什么音乐生涯。父母在圣诞节时送了他一支竖笛，然后随便给他找了个老师，而这个老师根本不懂教学。他的课是如此枯燥，所以托马斯从来不想练竖笛，很快也失去了对音乐的兴趣。虽然他一再表达想要去学钢琴，父母也置若罔闻。每当电视上演奏音乐时，托马斯都会像一个小指挥家一样站在电视前，富有表现力地比画起来。他的表情也跟着一起投入，显然他很享受这个过程。而父亲却总是把这种创造力视为挑衅，一直试图压制它。

学钢琴是托马斯最大的梦想，但从来没有实现过。这使幼年时期的托马斯非常伤心，也产生了错误的自我认知，认为自己没有才华、没有价值。青春期时，他开始热衷于收集世界著名音乐家的唱片。

年轻的托马斯完全忘记了自己是那么有天赋，他像自己的父母一样从事了一个简单的职业，而这个职业与他的才能无关，远远配不上他的艺术天赋和头脑。多年来，这种身不由己的感觉进一步削弱了他的自信心。他会在周末纵情地将自己沉浸在另一个平行世界中，到处参加摇滚音乐会。

只有在极少数情况下他才会拿起话筒，亲自站在舞台上。比如他曾经参加了一个大公司的周年庆典，决定表演猫王的歌曲。听众们热烈欢呼，也几乎不敢相信站在舞台上的就是托马斯，他们被他的歌声和活力折服。托马斯的表情和手势都是如此富有激情，在舞台上火花四射。但所有的赞美之词都无法治愈他作为一个被埋没艺术家的伤痛。就这样，一年一年过去了。

托马斯如何找回有创造力的自我

如果让年轻时的托马斯写下自己的愿望，他很可能不会说："我想弹钢琴！"而更有可能只是表达一下对工作的不满。

仔细倾听自己的心声、找到深埋在我们心底的愿望是需要很大勇气的。强大意志的小姐妹——渴望——会是我们的好帮手，虽然我们有时羞于提起。当我们不再能感受到自己的真实意志时，渴望会为我们指引方向，让我们产生新的冲动，推动我们采取行动。约翰·沃夫尔冈·冯·歌德（Johann Wolfgang von Goethe）深知这一点，他说："仅仅知道是不够的，还要会应用；仅仅想要是不够的，还要去执行。"

正是这种渴望让托马斯在 40 岁的时候找到了一位心思细腻的老师，老师在教唱歌时敏锐、细致、富有激情。托马斯用了几年时间才下定决心去参加老师的研讨会，当他终于踏入教室时，音乐的世界向他敞开了大门。最后，他有了一片可以自由发挥自己创造力潜

能的天地。老师非常欣赏托马斯，对他很关注，也很快就发现了他的过人天赋。他意识到托马斯在成为艺术家的道路上受过挫折，于是努力在不设压力的环境下重新点燃这位学生对音乐的热情。

在几年的时间里，因为拥有了这个美好的艺术空间，托马斯从破碎的自尊中恢复过来了，曾经的那些伤害让他的内在小孩缩进了一个壳里。现在他越来越可以彰显自己真正的才华，重新获得做音乐和艺术表达的乐趣。课堂上的其他人包括老师在内，都认为听托马斯唱歌是一种美好体验。歌声将喜悦的情绪传递开来，整个教室都充满了愉快的气氛。

程序化自我和真实自我的区别

现在我想回到自我、本我、真我区别的问题上。正如本章开头所解释的，我们需要一个强大的自我引领我们真实的生活。学会自爱不是要与自我（童年习惯）作斗争，而是要意识到这些可能都是我们童年自尊心受挫时为了生存而产生的遗留问题。

为了解释清这些抽象的概念，我要说回托马斯的故事，一步一步讲清什么是自我、自我需要什么，以及真正的自我是什么。我们已经看到，托马斯需要一些生存策略来避免与家人和学校发生冲突。他不能用自己的精神能力发展艺术，相反需要用它来压制自己的创造力和对生活的激情，避免触碰父母不能实现自我潜能的伤疤。

这是一种常见的家庭模式，会导致孩子隐藏自己的潜力。在这里，自我是一种所谓人格的扭曲表达。也可以说，自我是我们在原生家庭中为了生存培养起来的情绪习惯、伤痕、想法和负面惯性的总和。

是什么阻碍了长大后的托马斯表达真实自我呢？是他自我的意识，是他受伤的内在小孩。

- 我什么都做不好。
- 我还不够好。
- 我的活力会威胁到他人。
- 我必须缩起来保护自己。
- 我不值得被爱。
- 我笨手笨脚。
- 我没有天赋。
- 我不知道自己想要什么。

很多人都被这种思想困扰，它们深藏在人们的日常意识之下。只要我们被"我"的想法（或受伤的内在小孩）说服，就会觉得痛苦，认为自己一无是处、是失败者、不能为这个世界带来什么。但在我们努力与这个自我做斗争、根除消极想法时，也一定不要忘记这其实是那个极其脆弱敏感的内在小孩在作祟。

为了突破自我的束缚，活出真正的自我，我们需要用爱去关照旧伤未愈、缺乏安全感的内在小孩。意识到我们确实曾经受到过这些伤害，但它们不是我们组成的必需部分，这能帮你释放内在的巨大潜力。

走进你的真实自我、走进真正的自我意识

想要走进真实自我有很多种方法。正如我前文提到的，跟自己受伤的内心斗争是无用的。真正的自我就像一株小植物，很多人心中还仍是小幼苗。

它需要大量的关爱、照顾和关注，才能成长、壮硕、实现自己全部的潜力。朋友、伴侣、老师、治疗师和咨询师都能帮助到你。

下面的图表向你展示了从"我"到"真实自我"所必要的东西。

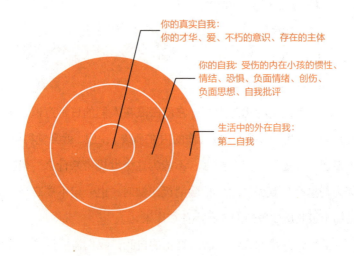

你的真实自我：
你的才华、爱、不朽的意识、存在的主体

你的自我：受伤的内在小孩的惯性、情结、恐惧、负面情绪、创伤、负面思想、自我批评

生活中的外在自我：
第二自我

在治疗和辅导中，很多人都不知道自己的内在小孩埋藏了多深的伤痕。他们会回忆起"美好的童年"，同时又被羞耻感、怪癖、恐惧和压抑所困扰。这就是"外在自我"，它有时是那样可怕。为了找到真正的自我，你需要鼓起勇气。这段旅程会带你重温受伤和

痛苦的感受，绕过封闭你的自我防护机制，这都需要勇气。这也意味着你需要失控一下，不再那么"恪守职责"（不再是好员工、好母亲、好家庭成员），也要接受这种模糊的状态。

许多人担心自己的自我（受伤的内在小孩）身后什么都没有，也担心自己的内心充满了太多的恐惧和痛苦，也不觉得自己会有另外一面。他们如此接受自己的伤痕、习惯和痛苦惯性，甚至不敢想自己会有一个健康、闪亮的内心。在某一阶段，我们可以激活真实的自我，找到其中爱的力量。而当我们在爱之中，不再受人评价，能够表达自己的创造力，也能重新闪闪发光。但藏在我们自我表达之中的伤害、羞耻感却总会不时重新浮现。

谁真正认可你

无论怎样，总有一条康庄大道可以引导你找到真正的自我：那就是找到一个透过你的伪装、看透你内心的人。这个人最好是你的伴侣，也可以是你的好朋友、优秀的咨询师、专业的治疗师。这些人能够看到真实的我们，让我们感到温暖。他们看穿了我们的怪癖、禁忌和自卑，找到我们的真正潜力。这种心与心相交的时刻能给你带来巨大的力量，两个灵魂的碰撞也是一种富有创造力的行为。

但如果你选择的对象不认可你，甚至误读你、羞辱你或者抛弃你，那情况就会大不一样。你的自我成长被猛踩了一脚刹车，你的灵魂不能受到积极的回应，真实的自我不能得到滋养。深度自卑或有成长创伤的人往往拒绝灵魂交流，他们会推开周围人爱的沟通和诚恳的言辞。此时，他们把可以带来成长的生命之水阻断在自己的幼苗之外。

然而，每一个生命都曾被短暂认可，请记住那些时刻！

练习：关爱你的真实自我

回忆一下曾带给你这些时刻的人，把那些满怀爱意的认可深深刻在心底。有时，我们只有那么几瞬接收到了这美妙的灵魂礼物，但如果你能记起任何一个时刻，就用自己的意识和想象力把它放大。为之感动吧，感谢这个人对你的认可。如果你想不出任何一个人，那就想一想小动物带给你的感动，小动物可以带给人家一样的温暖。

也许你会抗拒，或感到羞耻、背叛或压抑，把这些回忆想象成逐渐掀开的面纱，面纱背后就是真实的你。看到自己可爱的内核，你的意识也会彻底改变。真我意识成长的同时，"你"也随之扩大了。这个训练对于那些曾经认为自己千疮百孔、内心一片废墟的人来说十分有用。关注你生命的内核，让它成长。幼苗会成长为壮硕的植物，最后长成参天大树。你的生存空间也会随之扩大，越来越能关怀自己、看到自己。成为自己的观察员，看透自己的层层伪装吧。

有时我们需要很多眼泪去揭开蒙在内心上的最后一层纱。泪水会让你的灵魂得到净化与释放，不需要感到害怕。眼泪就像溪流一样，从山间流进山谷，最终汇入大海。如果我们不去强行控制或抑制自己的自然情绪，就会产生一股治愈的心流，剥开你更多的真实自我。

一旦你建立了真实自我的意识，就可以更好地处理旧伤的触发点和负面回忆。

旧伤的触发点如何强化了你的真实存在

让我们以托马斯为例解释我们该如何积极地利用负面记忆。年轻时，由于不能发挥自己的艺术天赋，托马斯成为一名景观园丁。即使他已经离开这个行业很多年了，但看到城市中驶过的园林车总会触动他，每次看到他都会回想起曾经的经历，还有随之而来的负面记忆。我们一起制订了一个办法，让他把消极的联想转化为积极的肯定。

因为他已经意识到真实的自己是一个充满爱的艺术家，我们制订了如下的方案，即从现在开始，每当他看到园林车时，都要对自己说："谢谢你们提醒我，我其实是个艺术家。"通过这种方式，让托马斯把消极的情绪转化为积极的情绪。

用这个技巧我们可以把自己的情绪引导到更好的方向上去。但是你必须先找到自己的真实自我，这样你就不再需要和旧的"我"或过往经历做斗争，不再试图从记忆中抹去它们，而是承认它们的存在，利用它们的能量去向一个新的方向。

在你心怀疑虑时可能会对这个技巧很抵触，质疑它是否有效。

如果你觉得不舒服，就回到之前的练习中，把注意力更多地聚焦在寻找真实自我上。

当我们把自我或惯性一层层剥落，最终留下的就是我们真实的存在，这是一种身份认同，也是"我"的意识。这个"我"是深层次的、真实的、自我肯定的，是我们灵魂独一无二的表达。你不再隐藏、伪装、感到羞耻，取而代之的是可以自然地生活在自己的生命空间中。当然，在这个阶段你或许也会感到不安、恐惧或羞涩，但它们不再像曾经那样具有破坏力了。

意志力的阴暗面：滥用权力，控制成瘾

许多人害怕自己的意志，因为他们曾经遇到过对权力饥渴、控制欲强的人，或是被滥用权力的人伤害过。这些都是意志力的阴暗面，也是我们害怕拓展自我力量最常见的原因。为了整合意志力，我们要用心与它沟通，在下一章我会谈到这个问题。

针对这一点我想举几个例子，来解释如何能够识别不成熟的意志力，以及为何它总与控制的欲望挂钩。比如，你不能用意志控制另一个人爱上你，也不能确保自己通过面试。但很多人都会试图这样做，他们耗尽自己的意志力，因为不相信自己是可爱的。所以滥用权力实际上是缺乏爱和联结的表现。我们的任务是摆脱对自我权力的恐惧，学会区分它与权力滥用。这戳到了很多人的痛处，因此大家总会对它有很强的抵触情绪。

在我的研讨会和线上课中，有时会带大家对"内心国王"或"内心皇后"做冥想。这个内在形象象征着尊严和控制自己生命的权力。但总有一些参与者会拒绝这种象征想象，因为他们怕因此导致权力滥用。我们需要新的解决方案设计新的形象，或是改善旧的形象，让人可以从中获取能量。

如果你在小时候或成年后被人操纵控制过，就会知道这种游戏是多么令人痛苦。控制和滥用权力是缺乏人际关系技巧，缺乏同理心与爱的结果。自恋者和精神变态者用这些手段引导周围人往自己所想的方向发展。如果你在这个问题上受到过心理伤害，就请在冥想中设想一下健康的自我力量和真正的权威对你来说是什么样的。但是因为自己经历过精神虐待，就拒绝讨论权力与意志的问题，并不是一个解决办法。

同时，请仔细考虑你在生活中哪些方面因为缺乏信心而过度消耗了意志力。比如当你单身时，想拼命吸引某个人进入你的生活，这可能会发展成一种病态的执念，甚至让别人感到厌恶。如果你已经和一个并不适合你的伴侣建立了关系，无论你怎么努力，这段关系都不会让你有家的温暖。这即是下一个陷阱，因为很多人为了创造和谐会试图朝自己喜欢的方向改变自己的伴侣。和谐的关系只有在两人都看清对方的本质并产生了积极共鸣时才会出现。所以没有任何理由去控制别人或吃醋。好的关系应当建立在共鸣、信任、联系和紧密的心灵交流的基础上。

你对意志与权力的观念

思考一下还有哪些关于意志与权力的旧看法仍然在阻碍你，让你无法有效利用心中的能量。在这里写下你的想法。

权力在……（方面）是负面的：

_____

_____

_____

_____

_____

现在请想一下"力量"这个词，重新积极审视一下你的意志力与自我力量。想象一下，如果你引导自己用心体会个人意志，你的意志力会帮你实现什么目标。

意志力会帮我实现：

_____

_____

_____

_____

_____

练习："我"的拼贴画

我希望这些思考可以让你用全新积极的方法关注"我"、自我意识和个人意志力。为了训练你的洞察力，寻找自己的内心，你可以创作一幅拼贴画。准备一张大卡纸，在上面粘贴或书写吧。

准备自己的一张近照与一张童年照，还可以从杂志、手册或自己的旧照片中收集一些展现你自我的图像。比如，如果你像托马斯一样认为自己是个艺术家，那么就找一些能表达艺术的意象；如果你想体现自己的善良，就找一些能表达仁爱的意象。再收集一些你喜欢的东西，比如大自然的照片、某些特定颜色、国家或任何可以体现你品质的图片。

将这些照片、图像制作成拼贴画。在拼贴画上写下本章让你印象最深刻的观点，用积极的肯定句陈述，多用"我"做开头。这样的句子可以让你更深入自己的意识。例如：

- 我是纯粹的爱。
- 我是可爱的。
- 我是爱的源泉，也是纯粹无瑕的。
- 我是一个学习者。
- 我是无限的生命力。
- 我是来自宇宙的礼物。
- 我是纯粹的生命之乐。
- 我是一枚独特而闪耀的水晶。
- 我是一位艺术家。

- 我是自然界中的存在。
- 我是灵魂。
- 我就是我。

从这些例子中找找灵感，在拼贴画中体现对自己的肯定。同时也要期待你自己最真实的灵感与想法。

多花些时间去完成拼贴画，然后可以把它摆在家里显眼的位置上。在这种创造性的活动中，你也创造了一面积极的镜子，方便你随时看到真实的自己，这种体验与处于甜蜜恋爱中的体验是类似的。这就是我们创造力神奇强大的力量。它能够使我们在精神上获得自愈，即使在现实生活中你还未拥有一段积极的亲密关系。

第 5 章

你的心房：释放爱的能量

进入心房你可以感受到自己与一些全新的品质联结，它们不那么激烈好斗，更加敏感柔软。这里不需要再探讨你的意志力了，我们只需要关注存在本身。在这一章中，我将向你介绍心智充分发展的 7 种表现。

心的 7 种品质

1. 柔软

2. 共情

3. 人际性

4. 放下

5. 宽恕与内在和平

6. 给予与接受

7. 真实

拥有这 7 种心智的人会让他人感受到被尊重、舒适、有安全感。我们越尽可能地去释放这些品质，我们的存在就越容易吸引他人。

柔软

我想用"柔软"一词来形容心的第一个品质。想象一下，一朵轻盈的雪花在空中轻轻飘浮，飘落在石头上或森林里。体验一下那种随着漂浮感而来的轻盈体验，像是一根羽毛在一片美景当中随风而去。

现在，让自己在这样的画面当中放下自己沉重的一切。想象你就是这根柔软的白色羽毛，随风舞动。身后是你生活的地方，而你只是静静地躺在那里。不必执着于过去的回忆和曾经的人。在柔软之中，你可以更好地放下对自己的苛责。要知道，你不必如此关注内心批评者的声音。

诸如愤怒、怨恨、嫉妒、无助、批评、羞耻、恐惧或自卑之类的负面情绪像阳光下的雪花一样融化了。当你进入心房，你会找到这些负面情绪的真正原因。它们之所以出现是因为我们的心失去了意识，也失去了与生命的联系。我们越是让自己在心灵空间中放松，自爱的无限温柔就越能包裹我们。过去让我们愤怒、绝望或心烦意乱的事情都丢失了能量，这是为什么呢？因为我们不再切断自己爱的源泉了。柔软即是我们回到心房，与自己和谐共处。曾经自己认为的失败、愚蠢或无能，现在也都已改头换面。

"柔软"掀开通往内在小孩的通道

有一次训练时，我和一位天资聪颖的女士进行了一场有趣的谈话。她是我的客户，之前已经有两年没有联系过我了，但她突然在绝望之下打电话给我。她四十多岁，有好几个孩子，费尽千辛万苦才把孩子带大。她觉得自己的生活似乎停滞不前，也几乎很难做任何决定。二十多年来，她所有的精力都放在照顾家庭与孩子上面，而她的孩子们也都很聪明。在我们的训练中，她总是对自己的高智商一笑置之，但对于我来说她的聪明是毋庸置疑的。她在读大学时也总被夸奖，还被教授邀请读博。但尽管如此，她内心深处仍藏着一个受伤的孩子，依然在为生存而挣扎。她时常很困惑，因为学术界所有赞美与鼓励的话都帮不了她，她仍然觉得自己没用、什么都做不成。整段谈话中她都有深深的羞耻感。但我突然意识到，她并不需要更多的鼓励，只是她受伤的内在小孩需要进入一个新的生活阶段。所以我鼓励她不要继续自我批评，而是承认自己内心深处有个地方还有创口，而这个创口大大影响了她生活的方方面面。通过对自己过去温柔的审视，她意识到自己既不无能，也不愚蠢，只是一直背负着一个深深的情感创伤。

此外，她还习惯忽视自己，把所有爱的能量都分给孩子和周围人。这就是为什么她在谈话中数次提到，觉得没有什么可以滋养自己。在童年自我发展时期受到严重压制的女性常常会这样。

当我们温柔地、带着爱审视自己的过去，内心批评者也就逐渐被削弱了力量。更重要的是，柔软会让我们重新触及到内心爱的源泉，爱的源泉不分你我。因此我们也就不再需要把爱全部投射到他人身上，而是学会让柔软的爱呵护自己。

还有一个类似的案例，我的一个客户在 60 岁时终于找到了自己的力量，离开了完全不合适的丈夫。她也需要用爱的眼光去关怀自己内心被忽视的孩子，承认自己其实是厌恶、憎恨丈夫的。当我们不再一味像机器一样运作，就能找回走向纯粹与活力的路。真实是心灵空间的第 7 种表达，在这种状态下，我们不再强迫自己做任何事，不再像一条训练有素的狗。

我们的内在小孩对柔软总有积极的反应。大多数人都经历了太多的暴力、压力、胁迫或惩罚，因此柔软往往会给你带来耳目一新的体验。我们不能强迫自己痊愈，但可以轻轻打开内心，让自己再次能够接受并给予爱。

"柔软"的反面是"坚硬"

关闭心门的人往往对自己十分苛刻。这就是柔软的反义词，但却在我们的文化中非常普遍。我想，很多人心中都认同这种生存策略，这也是世界大战留下的后果之一。在坚硬的状态下，我们不再关注自己的需求，驱使自己去挑战极限，并坚定地无视自己身体因退怯发出的呼救声。坚硬也让我们在关系中变得疏离、难以接近。从表面上看，这种士兵式的思维模式似乎很强大、自律且自信。但藏在面具背后的其实是一个脆弱又不自爱的自我。我们常常是从父母或祖父母那里继承了这种缺爱的生存策略。他们要求你生病发烧时也要继续工作，周末即使再累也必须打扫房子、装修或整理花园。

我曾经有一个同事明明得了重感冒，几乎说不出话来，但依然坚持上班，并引以为豪。在跟客户聊天的时候，她只能用气声说话。我一直在想她生病的那段时间该如何尽到对病人的责任（更不用说对自己的责任）。更糟糕的是，所有同事与上司都对她表示钦佩、认可。在我们的社会中，似乎只有不惜一切代价剥削自己、表现自己才能得到他人的认可与赞同。自然也不用多说，在我生病居家养病时，这位同事非常不理解，这种行为在她眼里是不可理喻的。

当我们赞美这样的行为，以他们为榜样时，对自己意味着什么？我们给自己创造了非人的目标，走向了自我剥削与自我毁灭。每个人内心都有些坚硬的习惯，因此如果我们只把矛头指向别人是很危险的。当然，我们更容易察觉到别人的坚硬。但当你照镜子时，你的坚硬是什么样子的呢？

练习：我在哪方面对自己苛刻

我想请你意识到自己在生活中对自己的苛刻之处。下面我来举几个例子。

考虑一下你在哪方面以及为何对自己苛刻。如果你找到了，也不要批评自己。正如我所说，这是一种世世代代传下来的、刻在骨子里的生存本能。

我在生活中的这些方面对自己很苛刻：

- 饮食
- 清洁
- 工作
- 教育孩子
- 赚钱
- 性生活
- 节俭
- 家庭
- 交友
- 处理同事或上下级关系

我为何对自己苛刻？

接下来，我想请你思考一下为何对自己苛刻，写下你的想法。

- 这背后隐藏的意识是什么？
- 哪些生活经历影响了你？
- 如果你不再苛责自己，你认为会发生什么？

我们的祖先往往已经塑成了一些模板，而这些模式的背后其实是巨大的恐惧。担心自己被社会排斥，担心承受经济损失，甚至是担心自身的存在被否定，或是担心自己做得不够好，不能满足社会期待。有时，这种模式也出于对认可、归属或赞美的迫切渴望，而这些在德语国家通常很难获得。我们就像被困在轮子上的仓鼠，一圈一圈地跑，希望最终能够达到自己的目标。但当我们对自己很苛刻时，也就切断了人生活所必需的生命能量与关怀。

就像厌食症患者一样，很多女性在照顾孩子、朋友、父母、同事和亲人时完全忽视了自己，只要求自己不停运转。这也是我们在本书开头强调过的——缺乏母爱的后果。若想打破这种循环并能够用爱关照自己，则需要大量的心理建设。无论你在自己身上看到了哪些坚硬的部分，都可以选择柔软，摒弃旧模式，向自爱逐渐打开内心。

共情

共情是一种非常高层次的爱。自我同情是一种我们可以学会的艺术，它让我们把自己放在生活的中心。你可以允许自己成为生活的中心。要知道，你不需要害怕，这是很重要的，我们在前面已经详细讨论过了。培养自我共情的重点是要以爱的眼光看待自己，而我们通常更容易共情他人。如果你一直被困在坚硬的生活模式中，就很难在遇到困难时用爱的目光呵护自己。

所以有些人在生病时仍会谴责自己，不允许自己生病。在心碎、分居或离婚时，还会责备自己导致了关系失败。

我们只有在有需求的时候才会意识到功利主义对我们造成了何种影响。当有人需要帮助、遭受痛苦、生病或被陷害时往往很难获得同情，这也会加重他们的自我怀疑。我们现在生活在一个善于不断挖掘自我优势的社会中，而软弱的人常常被指责要为自己的不幸负责。这种事不关己的习惯帮助我们在社会上生存，因为生活在城市中，每天都会遇到自己不认识的人。城市越大，生活就越匿名。这种匿名性使我们无法为那些无家可归或重病在床的人做什么，只认为国家会以某种方式解决这些问题。但是，即使是生活不那么匿名化的小乡镇之中，人们也不一定会有同情心。总有一些人被社区的生活排除在外。

共情是因为心胸宽广。它意味着不评判、不评价。

练习：训练共情

在城市里走走，观察一下形形色色的人。

通常看到别人时我们的脑子会跳出各种各样的评价。某个人比较胖可能会招致大家的注目。有孩子躺在柜台前闹脾气，母亲也会承受路人轻蔑的眼神。看到无家可归和乞讨的流浪汉，人们总是在内心评判一番，然后试图远离他们。

试着用爱的方式放下你所有的心理评判。因为我们评判他人时，他人也会评判我们。

比如，当你遇到一个明显超重的人，不要去认为他们如何在夜晚窝在沙发中吃薯片，而是问问自己他们或许经历了什么悲痛，或是因为什么健康问题引发了过度肥胖。如果你想再多做点什么，可以给这个人一个发自内心的微笑，传递正能量。看看他或她对你真诚的微笑作何反应。

抓住每一个机会训练自己与他人共情，可以和你的家人一起做这个练习。比如，当你的孩子摔碎了一个玻璃瓶，碎片四溅，你可以责骂他，也可以怜惜他。看看你自己分别是什么感觉。

试着积极地迎接这种挑战，感受自己的共情能力不断增长。

训练自我共情

当你把以上训练完成几次之后，终于可以学着应用在自己身上了。

花些时间思考，你在生活中觉得自己哪里失败、不够完美或犯了错误。用慈悲的心去看自己，不断放下内心的自我批判。看看你的心是否打开了，内心又是如何收获平静的。

我们的生活中缺乏共情

在这里，我想谈谈社会中总是让我感到震惊的一些灰色阴影。即使你非常善于共情自己、共情他人，也不意味着别人会用同样的方式对待你。我已经在"'柔软'的反义词是'坚硬'"一节中提到了我们的社会习惯苛求自己。但缺乏共情更加严重，因为这会给我们带来深度创伤和情感伤害，特别是当你的朋友和家人对你缺乏共情时。

有过创伤性经历、被自恋者精神虐待、受到过暴力或生活重创的人往往感受过周围环境对他们的痛苦熟视无睹。这是一种保护性反应，有两部分原因。一方面，很多人彻底压抑自己的创伤，希望自己生活在一个理想的世界，没有坏事发生。为了保护自己，他们不接受周围人所处的深渊是真实的。另一方面，我们社会的同理心普遍下降，让我们的生活变得愈发艰难。缺乏同理心是从机会主义、利己主义开始的，在功利主义和欲望的助推下不断加强，在自恋主义中达到顶峰。

但是，那些受到命运重创的人需要在生活中获得同情与怜悯来治愈自己。他们需要感受到自己不必独自面对命运。然而在他们处处碰壁得不到理解时就会感到现实的割裂，进而感到更加孤独，或者质疑自己所经受的痛苦。这正是大浪淘沙的时候，我们会意识到谁是真正的朋友，而谁只是戴着面具来来往往，并没有真诚对待我们。

朋友或亲人的拒绝、缺乏同理心其实反而是我们的一个机会，让我们放下那些不能真诚温暖地对待我们的人。大多数情况下，试图让他们共情都是徒劳的。在经历了深深的失望与伤害过后，我们需要自我修复能力，不要把这些行为视作个人行为，而是意识到这是环境造成人们缺乏爱人能力的表现。

自我共情的反面是自我批评

不只是环境缺乏共情，当我们对自己没有自我共情时，内心批评者就会占上风，贬低、阻挠你的发展。

当我们犯错或感到不安时，内心批评者就会开口说话。它低声羞辱我们，让我们处于压力之下、感到害怕、停滞不前。通常内心批评者是父母、祖父母或老师的化身，我们已把那些教训内化了。比如，如果你摔倒、哭泣，你可能会听到：

- 流血流汗不流泪！
- 不要这样！
- 别哭了！
- 你又笨手笨脚的！
- 摔一下什么事都没有！
- 现在我又得给你洗裤子了！
- 你就不能小心一次？
- 邻居们该笑话了！

如果你也曾被欺凌或陷害，或是在生活中经历过深深的失望，内心批评者就容易出现。此外，被严重贬低、内疚或激烈的冲突都会损伤你的自尊心，这些经历会在潜意识中留下深深的自我怀疑，为内心批评者提供了充足弹药。

剥夺内心批评者的权力

我们不能简单地无视内心自我批评。相反，需要注意到它并调整心态面对它。重要的是要记住，内心批评者的诸多言论并不符合现实，只是你童年经历遭受了扭曲的结果。养成一个习惯去记录内心批评者的声音，这样你就可以看到是哪些想法在支配自己。

以下都是内心批评者常见的声音：

- 你今天看起来又是很糟糕。

- 这次考试你肯定不能通过。

- 你就是不够聪明，不能……

- 你不可爱，也永远不会拥有一段甜蜜的关系。

- 你做不到。

- 你不会做。

- 你理解不了。

- 你说不出那样的话。

- 你应该为自己感到羞愧。

- 这里不属于你。

- ……有你的责任。

- 你做的都是错的。

现在最重要的是确认这些负面想法的来源。记住是家里的哪个人对你说过类似的话，有时你甚至能听到父母在你的耳边这样讲。

如果我们能意识到在何时何地有人会对我们说类似的话，就可以提前远离它们。你可以原谅父母暗示指责你不够好或不够可爱。

这其实是一种落后的教育理念，即用没收爱去惩罚孩子，从而让孩子达到自己期待的样子。想让孩子永远做到最好的父母往往吝啬也羞于表达自己的爱。而这会让孩子产生内心的缺乏感、空虚感或是认为自己毫无价值。有时，我们需要知道父母的本意是好的，只不过他们不懂得更好的表达方式。

所以当你意识到自己也会自我否定时，也应该原谅自己。如此，你会拥有无尽的力量对抗潜意识对自己无休止的负面批评。例如你可以对自己说："从前我认为自己丑陋又不值得被爱，我原谅自己的自我贬低。"原谅自己能帮你敞开心扉，学会共情自我，也能帮你彻底提高自我共鸣。

内心批评者也是另一种内心守护者

有时，内心批评者其实也是内心守护者。童年有过创伤的人，例如经受过暴力、虐待、欺凌或精神暴力的人常会出现这种心理象征的意象。在这些情况下，绝对服从往往是被动面对强权时唯一的办法。内心批评者让你学会退缩，不张扬自己，在生活中避免所有风险，或是保持独身，以避免自己重新陷入危险的境地。但内心守护者有时也会让一个经历过童年创伤的成年人长大之后仍然不敢逃脱虐待（的婚姻或友谊）关系。

现在你知道，内心批评者实际上应该是你的内心守护者，这是一个很重要的思维模式。因此你也能意识到你并非在自我毁灭，只是启动了一个强大的自我保护机制。这时我建议你寻求专业的心理治疗师的帮助，和自己灵魂的内在部分沟通，用这种方式处理创伤性经历，一步步变得更自由、更自信、更有生命力。你能看到，内心批评者或是守护者都不是你的敌人，它们长期以来只是想保护你不受任何风险的威胁。然而从长远来看，如果你想变得更成熟，这个内心的监狱会框住你。因此，看清内心障碍的本来面目、彻底消解它们意义重大。

人际性

　　心的第三个品质是人际性。是你与人沟通的表现，也能带给你一颗更加开放的内心。人际性帮助我们不断放下孤独与寂寞，走进一段段关系之中。很多人害怕承诺，因为会联想起一些不愉快的经历，他们害怕失去自由或被人控制。作为一名心理学家，每当我提到"依赖"时，就会有一些听众立马感觉被束缚、喘不过气，想起一些特定的经历。

　　人际性是一种不同寻常的品质，不是单单的依赖。依赖是我们与生俱来的本能，让我们在婴幼儿时期得以生存下来。原则上我们是没有选择的，无论父母是什么样的性格，我们都会像小鸭子一样笨拙地追在他们身后。这也是为什么很多人提到依恋会感觉恐慌的原因：他们担心自己任由他人摆布，再次受到伤害。但人际性和我们无法控制的本能是不一样的，在与人交往时，我们做出的都是有意识的决定。

肢体接触触发人际性

　　想象你受邀参加一个生日聚会，你可以放松地和朋友家人在一起，当他们想的时候会把你拥入怀中。你可以体验到亲近、安定的美妙时刻。拥抱像灵魂的药贴，帮我们感受到与他人的联结。在这个过程中，我们能感受到无尽的温柔与爱。心灵的拥抱可以促进真诚的沟通，促进关系，缓解压力。

如果你觉得有必要，就重新走进温暖的怀抱中吧，享受拥抱带来的愉快与幸福。

人际性打败距离

你会与距离你几百公里外的人有联系，因为最重要的不是身体上的亲近，而是精神上的亲近。人际性不仅让我们能感受到其他人的温暖，也能帮我们感受到与自然界乃至宇宙万物的联结。因此，它实际上是一种抽象的精神性能力，也是我们摆脱孤独的新途径。通过人际性，我们被嵌入了一个更大的宇宙。人们在大自然中冥想、与小狗玩耍或贴近树木植被时或许能有这种体验。我们可以把自己从理性思维中解放出来，体验快乐流淌，获得玩耍时的轻松与内心平静。

你或许心中有一些与外界相连时刻的记忆，重温一下那种幸福，再次感受一下它带给你多么愉快的滋养。即使只是记忆，也可以让我们获得能量。

积极加强与他人的联系

拥有爱的人际关系会帮我们持续获得自爱、共情、内心平静，也帮我们打开内心。你将获得足够的自爱，支撑自己开启下一段人际关系。练习自爱时，必须允许自己拥有更亲密的关系。有些人封闭自己，不敢与人亲近，是因为他们潜意识深处仍然认为自己是不值得被爱的，也害怕别人发现这一点；也可能是他们害怕再次受到伤害。没有亲密关系的自爱只是纸老虎，不能持续滋养我们。

我们需要有被爱的经历，从而更好地爱自己。爱与被爱的能力只有在亲密关系中才能体现出来。当我们被爱时，真实的自我才会出现。学着卸下自己的层层防护，体会被人看到真心的积极之处。

有很多事都可以加深友谊、增进恋爱中的亲密程度。以下品质可以帮助你：

- 接受现状。
- 不做批判。
- 欣赏。
- 感恩。
- 真诚。
- 关怀。
- 善于倾听。
- 善于使用充满爱意的小动作。
- 宽恕。
- 细心。
- 敢于露出自己脆弱的一面。
- 敢于面对自己的需求。
- 感知并真诚对待他人的需求。
- 能从心底接受他人的爱与关心。
- 主动。

- 慷慨。
- 可靠。
- 忠诚。
- 能够接受他人的小毛病。
- 尊重差异和不同意见。

当身边有人想与你增进关系时，问问自己：今天我想活出哪些品质？表现出什么品质？越是在关系当中频繁、自然地释放积极信号，你越能收获亲密的人际关系。再问问自己：哪些具体的事可以表达关怀、感激或热情？例如回应他人的兴趣、愿望或是需求可以展现你的细心。有时日常生活中一些温暖的小举动就可以让我们充分释放积极的品质。

记住，如果你曾经拒绝身边人释放的积极信号，只是因为你对爱有恐惧，不确信自己是值得被爱的。当你想起这样的片段时，现在感谢他们的关怀也来得及，你们即可以在相互欣赏的基础上建立起心与心的联系。

只有当我们真正愿意其他人进入自己的心灵空间时才能在自爱之旅中成长。这个过程中最重要的是学会分辨谁值得你信任，也要学会保护自己。如果有一些人曾经滥用了你的信任或慷慨，或是现实证明他们缺乏同理心、十分冷漠，那么就不应该向他们再次敞开心扉了。不要执着于撬开他们的心门，与他们建立有爱的关系。

冥想：你的心房，你体内的爱之源泉

找一个安静的地方坐下，挺直腰背，双脚平放在地上，这可以帮你找到锚点。接下来在呼吸当中把注意力放在心脏中心。在胸腔深呼吸。

让自己随着呼气释放紧张。每一次呼吸都拓展一部分空间。观察你的心脏现在是什么感觉。随着每一次呼气，轻轻地放下所有压力和想法。继续保持呼吸一段时间，让自己感受心中沉甸甸爱的人际性力量。

当你沉浸在这种轻柔的呼吸当中，试着从心脏中心出发释放更多能量。想象你的心像光球一样创造出一个光场，辐射在你身体周围，光球像一个生命体一样随着你的每次呼吸而跳动。继续扩展你的心。你越是释放，就越能与外界建立关系。感受与大自然的联结，与树木、植物、动物和各种元素的联结。想一想你喜欢的动物以及你是怎么见到它们的。每个生命体都有自己的光场，感受它们的能量球是如何相互触碰、传递能量、互相照耀的。当你能看到身边人的光场时，你们就能在心中相遇。你们的能量也能相互触碰、碰出火花、闪耀、交汇。

丢掉需求感，丢掉过度的责任感，你就能更好地与他人建立关系，也能找到自己内心爱的源泉，从自己心中建立起能量场。每一次爱的相遇都能巩固这个能量场。但即使你是独身一人，这个光场也能自然地被你呵护、维持。

你自己成为爱的源泉，你也能看到他人身上的爱，美妙的平衡因此建立。不能接受你爱的人就尊重并且放手吧。你不需要乞求或

强迫他们进入你的心灵空间。就让他们走吧，他们还没有准备好接受爱。那是他们的选择。

保持你心中爱振动的频率，你刚刚在心中与很多人相遇了，也忘掉关于他们的想法。在爱的振动中保持呼吸，然后慢慢睁开眼睛。想象一下，如何用眼睛爱抚周围的世界。你与所有你重视的东西都有联系，你并不孤单，你是整体的一小部分。

更宽广的意识领域

我们在自爱中醒来的那一瞬间会发现自己又身处爱的全知意识当中，这个意识覆盖了整个宇宙，那是我们所有人的心跳创造的宇宙。归根结底，我们从未被排除在世界之外。

美国心脏数理研究所对此有一项国际认证的研究。研究人员开发了一套生物反馈系统，用以加强"身体协调性"，系统十分重视整体性。他们提供压力管理和激活心智的解决方案。此外，他们还对"全球统一性"进行研究，对解决冲突、内心及外在平和、国际民族共识和自我修复等主题具有非常现实的意义。

放下

放下是我们在自爱之路上必须学会的最重要的技能之一。我特意在这里写了"必须"，因为在每个人的故事当中都有我们别无选择、只能放手的桥段。不能放下就意味着痛苦。

我们都觉得放手很难，把放手与痛苦、失去和悲伤捆绑起来。但当我们可以顺利放下时，通往内心平静的大门也会随之打开。

在什么情况下放下是明智的？

- 分手或离婚时。
- 在人生进入新阶段时。
- 搬家或重新开始时。
- 亲人离世时。
- 意识到某人对自己有害时。
- 处于有毒或与自恋者的关系中时。
- 他人不愿意与我们建立关系时。
- 子女长大离家时。

在家庭和关系中学会放手

除了我们在生活中必须经历不可避免的变化之外，总有一些时候是我们毫无必要地抓着别人不放。这对所有人来说都是痛苦的。有时，我们在希望、拒绝、背叛、和睦、和解的仓鼠球中不断循环，却只会再次等来失望。

当我们在情感上依赖一个拒绝自己的人时，可能会十分痛苦。然后，我们告诉自己要减少依恋、放下期望，因为这是保护我们免受进一步伤害和失望的唯一办法。尤其是曾经有毒的关系让我们至今心痛时，或是想要放下一位没有爱人能力的亲人时，我们都会采取这样的策略。而你敞开心扉也不意味着其他人也会这样做。因此，我们需要密切观察周围人的反应，然后评估他们是否真的准备好与你建立有爱的友谊或其他关系，或者是否应该放下他们。

以下列表是预警信号，提醒你在爱情或家庭关系中需要真正放下某个人了。

- 当你的伴侣不断拒绝你时。
- 当你们是地下情时。
- 当你意识到自己正在被欺骗时。
- 当你被抛弃、当你脆弱需要帮助时。
- 当你感觉对方无法共情你时。
- 当你需要为自己不停辩护，变得尖锐锋利时。
- 当你的慷慨和信任被滥用时。
- 当对方一直忽冷忽热，从未与你进入真正伴侣关系时。
- 当你只是他人情感创伤的替罪羊时。
- 当你没有得到真正的尊重与认可时。
- 当你必须一直伪装才能获得归属感时。

放下的反面是执念

执念是放下的反面，也是我们惊慌的内在小孩常见的生存策略。我们追求稳定和依恋，而这往往会导致我们在某个人身上或某个生活阶段中停滞不前，即使他们于我们已经不再有益处，或者他们注定会离开。坚持也会伴随着这样或那样的控制手段。

在不成熟的意识状态下，我们把失去视为难以承受的失控，必须不惜一切代价避免。然后就像一个三岁的小孩，因为一直在身边的小毯子丢失了就哭得昏天黑地。但我们都会遇到除了放下别无他法的时候。对许多人来说，对死亡的恐惧源于他们深度的依恋，也不懂得如何面对悲伤。死亡常被作为禁忌话题而不被提及，而我们选择用房子、车子和形形色色的人占满自己的生活，以避免面对死亡的恐惧。

然而，接受失去、学会放手是我们的必修课。如果过分执念，我们可能会丢掉尊严，也丢掉对生活的信任，我们可能会让那些还没做好准备的人走进我们的生活。嫉妒也是我们对他人执念的一种变体。而所有这些的背后都是恐惧。

如果你想学会放下恐惧，不再执着于过去，一些简单的想法就可以让你的生活更美好。它会帮你感受自己和生命与爱的联系，即使你是孤身一人在森林中行走，即使你失去了爱人或丢掉了工作。

放手的四个阶段

在新的事物到来之前，我们必须先放下旧的。想要做到这一点，请听我介绍一下放手的四个阶段，以及如何更容易地克服各个阶段的阻力。四个阶段分别是：

1. 接受现状
2. 悲伤
3. 内心平静、放松

4. 新的开始

接受现状

　　放下的第一阶段初看容易，实际做起来很难。我们习惯于有目标就要努力，有想要的东西就要奋斗，市面上的书传授神奇的沟通之道也想要帮我们解决每一个冲突。这就是我们通常很难接受某件事情是无解的，或者某个人是必须放下的。当你拼命想找到一个解决方案、修复关系或是回到过去时，你就没有接受现状。

　　有时我们陷入循环，不服输地不断战斗之后才懂得有些事情必须放手了，好像不撞南墙不回头。想要彻底接受现实，我们需要知道愿望是徒劳的。停止战斗、接受现实，无论这有多么痛苦。无论是精神上还是情感上的放下都会是痛苦的。

悲伤

　　放下的第二个阶段是悲伤。我们害怕感到悲伤，所以一直在抵抗，不想接受有些事情彻底结束了。但这种担心是没有根据的。当我们为某件事情感到悲伤时，我们真实的脆弱和内心的智慧也会浮现。比如在一些国家会习惯让相关的人一起参加葬礼，人们一起唱哀歌、流眼泪，让所有人都有机会表达自己的悲痛。当我们允许自己真正用心悲伤哭泣，所有的挣扎、敌意、沮丧和执念都化为温柔。当我们真正悲伤时，不能压制自己的眼泪。这些眼泪帮助我们在情感上释放和消解压力。没有悲伤，就没有真正的放手，这是必经之路。

内心平静、放松

在放下的第三阶段，你会体会到深度的放松与内心的平静。情感上的震荡消失了，对某个人的依恋也减弱了，逐渐就可以体会到内心自由的感觉。过去曾让你不安或受伤的事情现在都成为遥远的记忆。即使它们偶尔还会冒出来，但现在的你已经可以控制自己的情绪，使其很快平复下来。这时你的心碎已然结束，痛苦也已经减轻。你已经放下了所有的期望，美妙的平静会带你一步步走入自己的内心。

简单的心理调整在这里也可以创造奇迹。当我们离开所爱之人时，内心会格外痛苦，有时还会觉得心里缺了一块，像真空，像黑洞。我们联想起了幼年的创伤，想起了被抛弃、无助、受人摆布的感觉。如果我们能够敞开心扉，相信自己并不孤单；我们与生命一体，还有许多来源可以让我们体验到爱、支持和赞赏，那么我们就可以彻底放下对特定某个人的执念。内心的空虚也会消失，我们会感到充满希望、充满信心。在那一刻，就可以再次打开心扉去爱人，让新的人走进我们的生活。

新的开始

放下的第四阶段是最美好的。彻底放下过去，我们向全新的积极未来敞开怀抱，这就是真正的魔法。我们为新的生活腾出了空间。你肯定有过太早进入一段关系的经历，但你想和一个仍未放下前男友／前女友的人在一起吗？当然不想！如果我们执念于过去的关系，就无法真正迎接新的经历、新的友谊。只有我们真正放手，新的人才会被我们吸引，真正被我们看到。

除了友谊或恋爱，我们也会面临想要放下亲人的困境，而他们显然是无可替代的。但是有一种奇妙的选择，即你可以进入你的灵魂家庭。灵魂家庭中的人比普通朋友更加亲近，他们像亲人一样对待我们，我们也可以像亲人一样对待他们。在这里，我们会感到安全、被欣赏、被接纳、被亲近。如果你暂时还没有灵魂家庭，那么就敞开心扉，耐心等待。

雅思敏与放下

我想放下什么？我在坚持什么？我想要什么？

我想放下。放下错误认知的自我画像，它纵容我的内心批评者把我击溃。

我想放下。放下徒劳无功的努力，不再为了获得归属感、被接纳，或是执着于让那些眼里没有我的人接受真实的我。

我想放下。放下因抑制自己的情感而产生的痛苦，我要学会允许自己拥有情绪，并给它们更多空间，也要接受我内心抵制的东西，因为它们不可避免。

放弃思考，不去强求。允许自己感性，接纳自己的情绪。我要倾听内在小孩的声音，信任它，用我的爱与关怀滋养它。

"尽可能拥抱你的内在小孩"，这是我抽到的卡片，多么准啊！

我对"放下"的理解是：在一个不和谐环境中，强求与之和谐共处只会是徒劳。我的内心是和谐的，学会放下听起来悲伤，但也是一种自爱的行为。

为什么放下能让我们的心释然

当我们学会彻底放下，就能彻底消除顽固的情绪障碍，就会大大减少患上抑郁症的风险。因为抑郁症往往源于某处未能化解的情感创伤。放下就像对心灵空间进行一次能量清洗，能帮你变得内心轻盈，获得内心平静、存在感和情感独立。如果我们不放下，就会抓着负面情绪不放，继续愤怒、怨恨、执念、自怜、失落，不断陷入渴求爱与认可的斗争中，也可能会过分美化曾经的经历和畸形的关系。

受过的伤害、不能放下的执念都会让你变得沉重而迟钝。执着于过去、失落或是过时的自我画像都会阻碍你，让你很难迎接未来的积极生活。渴望抓住某些东西是人之常情，但这背后是恐惧。有时我们只是害怕面对现实，或是害怕承认某段关系失败了、草草结束了。有时我们还不愿意撕下从前的标签，例如"被欺凌的受害者""离婚的女人""单亲家庭的孩子"等等。

但我们迟早要意识到，放下是不可避免的，而且会让我们更快乐。当你敢于放下某个人、某个旧伤、某种沉重的情绪时，你就能获得以下积极的心态。

- 你不再那样依赖别人，因此变得更强大、更有魅力。
- 你达到了情绪自由与内心平和的新境界。

- 你更容易迎接新生活、新家庭、新的爱情。

- 你感觉更自由、更轻盈、更放松、更快乐。

- 如果愤怒、怨恨、指责的负面情绪消失了，取而代之的是泰然自若，这会让你的内心更加强大。

- 你更容易轻松地面对生活中的变化。

- 你的呼吸更通畅，身体也更健康。

- 你的心中越来越有爱，你也能更好地爱人与被爱。

- 学会放下，你就拥有了克服生命中的困难的幽默感。

- 你把自己从消极的关系中解放出来，你也学会保护自己不要再次进入类似的关系。

- 你在晚上睡得更安稳。

- 你更容易原谅他人。

具象化你的灵魂家庭

这个冥想可以帮你加深与灵魂家庭的对话。每当你需要迎接新的、有爱的、成长性的关系时，就可以做这个具象化练习。

找一个安静的地方，舒适地坐下或躺下。想想自己在美丽的大自然中行走，被巍峨的山峰包围，巨大的瀑布在眼前飞流泻下。这是一个神圣的瀑布，相传有神奇的治愈力量。

充满仪式感地走近瀑布，也许你会遇到一个仙女或是智慧的老妇人，她温柔地带你进入瀑布。现在，你可以把手或脚放入水中，或是站在瀑布洒下的地方。水珠在你周围旋转、飞溅，溪流淙淙潺潺、波光粼粼，带走了你身上所有的情感负担。试想你现在已经放下了一切，你是多么的轻盈而自由。

你离开瀑布，继续到大自然中去。太阳暖洋洋地照耀着你，清新而又凉爽的风把你吹干。善良的仙女或智慧的老妇带你走进一条秘密的小路，通向一个你从未见过的地方——你的灵魂小屋。那里的景观秀丽，也让你很有安全感。它存在于你的潜意识中，让你充分放松。

你的灵魂小屋是什么样完全由你决定。它可以是森林中的僻静小屋，也可以是海滨别墅，或是城堡、蒙古包等任何你能想得到的样子。你一步步靠近灵魂小屋，它的样子也越来越清晰。这里，你会获得最热烈的欢迎，有真正回家的感觉。

你走进房子，逛一逛厨房和客厅。一切的布置都让你像是瞬间回到了家。这里温暖宜人，壁炉里生着火，灶台上煮着食物。设想你马上要在这里办一次美妙的聚会，你从橱柜里拿出盘子，一个个摆在大餐桌上。你在小屋中等着一些特别的客人，他们就是你灵魂家庭中的成员。

大胆地想象吧，用艳丽的色彩去描绘灵魂家人拜访你的画面。看看谁即将走进你的门，用微笑和拥抱去迎接客人们。你的灵魂家人有什么性格？你们有哪些共同的活动、兴趣和喜好？与灵魂家人在一起触发了你哪些积极的感受？在他们面前，哪些旧伤得以愈合？

想象一下你与灵魂家人一起坐在桌前吃喝玩乐，享受美妙的时光。完全放松自己，感受这种情绪。

当你心满意足之后，就带着爱与灵魂家人道别，把他们送到门口。

体会了这些，现在你已经完全满足了。

现在做几次深呼吸，然后睁开眼睛。

※※※※※

要相信这个灵魂家庭的存在，相信他们很快也会在现实生活中走进你的生活。这里的关键是要信任，它让你的内心幻想能够在未来的某一天投射在现实生活中。承认自己是值得被爱的也会让你更容易理解自己。然后你将不再过度依赖过去曾伤害过你的人，你完全放下了他们。你的开放性、心灵能量和自爱可以帮你吸引新的人际关系、友谊或是爱情。因为在你面前，其他人也能感到自在、被接纳。

※※※※※

冥想结束后，写下你想到、看到的东西，也可以画下来或是做成拼贴画。把作品挂在墙上，方便每天都能回顾一下。这种方法会让你对自己灵魂家庭的实现充满信心，你也会吸引来那些对的人。

同时也写下那些你认为现在可以成为你灵魂家人的人。向他们发出赞赏或感谢的小信号。

宽恕与内在和平

在我们学会放下时自然也会学会宽恕。在许多宗教中，宽恕都是一把重要的钥匙，能打开我们的心，为我们带来内心和平。

我深信，宽恕是发展心智的重要一步。深度宽恕甚至可以为你的健康带来积极影响。罗伯特·D. 恩赖特（Robert D. Enright）和李宥莉（Yu-Rim Lee）在 2019 年发表于《心理与健康》（*Psychology and Health*）的一项科学研究证实了这一点。研究人员分析了 128 项研究结果，58000 多名被试者参与其中，最终在统计学上将宽恕与改善身体健康指标之间建立起了重要联系。

这也并不稀奇，因为消极的情绪如愤怒、沮丧、怨恨、暴怒或经常性的沉思都会损害我们的健康。在放下时，负面情绪被更良好的秩序替代，更充分的内心和平、放松、慈悲占据了上风。和谐的状态可以减轻心脏和其他身体器官的各种压力。通过宽恕，我们可以在情感上和身体上保护自己的心。因此我们应该鼓励自己走上这条道路。

然而仔细想想，宽恕有时似乎并不像我们想的那样简单。因此，我们需要先了解一下妨碍人们彻底原谅的典型障碍。

宽恕与期望

很多时候，宽恕离不开深层次的期望。

- 虔诚的信徒会认为懂得宽恕才是好的教徒。

- 相信轮回的人会宽恕，他们希望来世可以摆脱冤冤相报的游戏。

- 从个人的角度来看，我们希望通过宽恕实现和解。我们期待可以和人们在多年的隔阂之后仍能重归于好。

所有这些期望都会阻碍我们体验真正的宽恕。我们总会这样设想：人们相逢一笑，热烈拥抱，终于又可以和对方交谈了。但这种想法会让你对周围人及自己抱有不切实际的期望。我们总希望对方可以认识到自己的错误，承认他们伤害了我们，或是漠视了我们的感受。我们希望对方祈求自己的原谅，并且在未来改变自己的行为。

很多时候，期望是得不到满足的，我们常常碰壁。有时候甚至更糟，对方会扭曲事实，倒打一耙。或者他们仅仅是表达事实，但每个人都活在自己的意识当中，会从完全不同的角度解读过去的事。

宽恕与原谅

让我们仔细看一下宽恕的含义。

当我们宽恕时，付出了什么？

- 我们给彼此自由！
- 我们向过去告别。
- 我们不责怪任何人，包括自己。

- 我们向对方道歉，免除自己的过错。

- 我们向彼此告别。

- 我们彼此放手，各走各的路。

- 在宽恕、原谅的过程中，我们为爱再次敞开心扉。

- 我们放下自己的期望。

- 我们理解对方的动机和做法，因为我们接受对方是有局限的、是会犯错的。

- 我们重新与自己的心灵空间联结，并放下自己的内疚与自责。

- 我们脱离了冤冤相报的无限循环，找到了内心和平。

当我们原谅时，会发生什么？

- 我们不再彼此纠缠！

- 我们放开感情羁绊，重获自由！

宽恕不意味着我们认可、原谅别人带给自己的一切深深伤害。尤其是身体上、精神上或自恋者带来的暴力、背叛或性虐待。

宽恕是一个决定，决定重新敞开心扉、重新去爱，放下曾经的怨恨。我们放过对方，同时也放下对对方的所有期待。因为正如我已经说过的，宽恕并不会等来自动的和解。这就是为什么我觉得"放过"这个词会合适得多，我们放过他人，也放过自己。

正如你看到的，宽恕是一种更高形式的放手，能让你获得内心平静。接下来我将向你展示一些具体的方法与示范，介绍一些有力的肯定陈述，帮你练习如何宽恕。

宽恕自己

我们从自我宽恕开始。这一点经常被人们忽视，因为我们更关注那些伤害过我们的人。当你感到内疚或无计可施时，学会自我宽恕是很有效的。自我宽恕是自爱的重要表达，也是学会自爱的必修课。

艾尔克：充满爱的自我宽恕

当我意识到自己拥有一些根深蒂固的想法之后，我开始学习宽恕。每当那些想法出现，我就会宽恕自己。有趣的是，我一直都对别人很宽容，而对自己很苛刻。我现在知道，我也可以对自己有同情心。这真的很好，因为我可以爱自己、原谅自己。

练习：自我宽恕的语句

- 我原谅自己曾认为"自己不值得被爱"。
- 我原谅自己认为"我应当被责备"。
- 我原谅自己的所有错误，接受自己的所有缺点。
- 我原谅自己所有错误的决定、错过的所有机会。
- 我自身比任何失败都更重要。
- 我对自己慷慨，知道自己是可爱的。
- 我原谅自己认为我"无能、无助、渺小"。

- 我原谅自己与背叛我的人交往。

- 我原谅自己的天真。

- 我认识到在那种情况下，我对……的需求是完全合理的。

- 我原谅自己对自己的忽视。

- 我原谅自己曾为所有的事情责备自己。

- 我现在完全原谅了自己。

通读这些句子，把适用于你的写在日记里或海报上，签上自己的名字。例如："我，西尔维娅，现在完全原谅自己。"

当你写下这些句子时，均匀地深呼吸，不要停顿，走进你的内心。你可以点一支蜡烛或香以增加仪式感。

把你写下的每一句陈述大声朗读三遍。如果你想到了其他有助于自我宽恕的陈述，也可以把你的智慧加入其中。要允许自己毫无负罪感。

之后，在平和的氛围中放松，享受你的心间扩展得更宽广的感觉。

练习用自我宽恕消解消极想法

我做了宽恕仪式的训练，以下是我的感受：

- 我的内心有一种豁然开朗的感觉。

- 感受到治愈、解脱和释放。

- 和平、安宁、温暖和爱都重新回到了我身边。

- 我被一股能量包围，让我感到安全、稳定、不极端。
- 一些不属于我的东西被揭开了面纱，清洗得干干净净。
- 现在的我头脑清晰、内心温暖。
- 我从之前被束缚的想法中解脱了出来。
- 我赎回了自己。

这就是我一直梦寐以求的。谢谢你亲爱的西尔维娅，感恩遇见了你。我一直知道在某个地方有一把钥匙，但我必须自己找到那把钥匙去开锁，自己走进那扇门。我的旧想法被丢进了铁桶，体内爱的力量点燃了它们，将它们一把火烧掉了。

结束之后，爱产生的能量像雨点般落在我的身上。我能一直感觉到它，它是如此的丰沛，心中无限的爱让我泪如雨下。我看清了许多常年来看不到的东西。我的心、我的爱、我的生活、我自己。现在我可以走上自己的道路了。我有感知了。我所感受到的感恩、解脱、爱、自信和治愈是难以言表的。这种充沛的能量也是无法形容的。非常感谢！

宽恕他人

当你准备好宽恕那些伤害过你的人，就让自己彻底放下他们。用下面的句式练习，在适当的地方填入他们的名字和想要宽恕的事件。

- 我宽恕他/她做了/没有做……
- 我放过……并放下我的所有期待。

- 我原谅……的……，因为我接受他／她是有局限的、是会犯错的、并非完美的。

- 我完全放下了对……的所有期望。

- 我原谅……做过的……因为我现在知道他／她并没有其他的解决办法。

- 我原谅……缺少……（同理心、共情能力、体贴、责任感、助人的能力、尊重、忠诚、奉献精神、洞察力、慷慨、反思能力），我现在接受这些品质并不是人与生俱来的。

- 我知道……发生在我身上，并不是我的错。

- 我充分接受……样的命运／人生道路／决定，即使我不理解它。

- 我原谅……曾让我如此失望。

- 我原谅……也放下曾经期待他／她改变的执念。

- 我彻底放下……

- 我放过自己，把自己从这场漩涡中彻底解救出来。

当……时，我应该／可以原谅吗？

我们会自然而然地遇见很多练习宽恕的好机会。但一些微妙的情况该如何处理呢？当我们被伤得很深，或是我们的信任被滥用时，还可以或应当原谅吗？

- 如果我的丈夫出轨了，我应该原谅他吗？

- 在小时候母亲虐待我，我能够原谅她吗？

- 我的父亲从没给过我陪伴，我能够原谅他吗？

- 我的老板控制我、压榨我，我会想原谅他吗？

- 那个人曾性虐待我，我可以做到原谅他吗？

类似的问题总会出现，这就是为什么我想在这里强调，宽恕不是强制性必须完成的。这不意味着我们一定要和他们恢复联系，或是在现实生活中也实现和解。宽恕是一个更高层次的事情。

我们的身边人也会深深伤害我们，例如父母、兄弟姐妹或出轨的丈夫。在此我还想强调，宽恕不是让我们保持天真。重要的是要照亮家庭中的黑洞，至少为我们自己找到一种合适的对话方式。宽恕首先发生在自己的内心，将我们从受害者的角色中解放出来。当我们宽恕时，不意味着要继续成为别人的受害者，默许他们的伤害性行为。关系的质量才是最重要的。

是否及如何宽恕是你的决定

如果你和某个人大体上关系很好，但他有一件事伤害到了你，宽恕可以成为你们重新见面的桥梁，也许还能迎来和解。但是，如果你们的关系处处充满拒绝、背叛、漠视和缺乏共情，你的宽恕就不能带来和解，只能给你带来内心的解脱。因为你不能指望这样的人会改变自己的个性。在这种情况下，我们需要自我保护、疏远他们，有时甚至需要断绝联系。

宽恕一定能将你带入更高的爱的境界，并帮你放下过去。在合适的条件下，它是与周围人和解、重新建立亲密关系与信任的关键。

但重要的是，如何或是否宽恕他人是你自己的决定。你也不需要联系那些人。

请求原谅

有时我们会因为犯下错误而悔恨，因为事后才会意识到，这也可能会伤害到别人。向别人请求宽恕可能是最困难的事情之一，因为这时我们需要示弱。同时，请求谅解的愿望也应该是真诚的、诚恳的、不做任何期待的。

你可能也遇到过有别人请求你的原谅时默认你一定会宽恕他们。比如你的朋友多次欺骗你，再要求你原谅他，你就会认为这只是他留住你的一个伎俩。你觉得他请求原谅并非出于真心，而是将其作为达到目的的一种手段。这样的行为会让我们觉得自己被蒙蔽、被操纵，因为你还没有机会把一切冲突谈开，或是觉得别人绑架自己必须做个好人。

因此当我们请求他人宽恕时，重要的是问自己：我期待什么？我能放下这些期待吗？我能否接受对方仍然需要时间去消化这一切？当对方不准备原谅我们、达成和解时，我是否足够坚强？同时最重要的是，请求宽恕时也不需羞辱自己。首先是达到自我宽恕，然后再请求别人宽恕我们。这样我们才能保持开放的心态，邀请对方也打开自己的心。

请求宽恕的配方

试着在精神和情感上都站在对方的角度思考。下面的说法可以帮助你写信或谈话请求谅解。在适当的位置填入对方的姓名及谈话的主题。

- 亲爱的……请原谅我做了 / 没做……我现在知道这会让你多么受伤了。

- 亲爱的……请原谅我……我知道我犯了一个错误 / 我的……做法影响到了你。

- 我现在知道，那时我应该做得更好 / 用别的方式。我现在意识到，我本可以更周到 / 更慷慨 / 更公平 / 心胸更宽广 / 更细心 / 更无私 / 更慢 / 更快……

- 请原谅我没有在你身边。

- 请原谅我先斩后奏。

- 请原谅我没有告诉你真相，因为我真的很担心……

- 请原谅我当时的……愚蠢行为。

- 我真的很抱歉，我现在知道……

请求宽恕时一定要尽可能地丢掉所有期望。我知道这非常困难，因为我们都希望有更多良好的关系、更亲近和保持联络，让我们在心中找到更多锚点。但我们无法预知对方是否愿意和我们重归于好。

当你徒劳等待他人的道歉时

有时，我们会苦苦地等待某个人向我们请求原谅、承认他们的错误，哪怕只有一点点表示也可以。我们越是反思自己，重新思考自己的选择，提升自己的意识，就越容易对周围人抱有极大期望。我们认为，他们应该很容易察觉到我们明显的不满，但却总是难以避免地等来一场空。一方面，请求别人原谅令人感到羞耻，而更糟糕的情况是对方可能根本没有共情能力，无法意识到自己伤害了别人。

你可能以为所有人都有自我反思的能力。但遗憾的是这个假设是错的。比如患有自恋型人格障碍的人就很难与他人产生共鸣，他们长期专注于自己的需求，根本感知不到自己孩子、伴侣、同事的内心需求。自恋者往往因为自我为中心成为关系中的焦点，他们不断地创造情绪化的冲突，在受到批评或质疑时极为敏感。如果你的童年在一个自恋的母亲或父亲身旁度过，你永远也等不到那个道歉，他们也不会意识到自己有任何不当。相反，你在情感上受到的伤害还会被他们扭曲，最后似乎是你需要为一切冲突负责。这些家庭模式会培养出高敏感型的后代，认为自己需要担起一切责任，也容易产生负罪感，毕竟他们从不知道有任何其他的解决办法。

这里只有一个解决办法：你可以把宽恕和放下的练习相结合。这样你可以真正放下对那些人的所有期望，他们是不会改变的。在你原谅他们之后，他们不会也不可能改变自己以自我为中心的行为。你越是从中解脱自己，就越能卸下包袱，一身轻松。

宽恕的反面是报复与复仇

现在你已经知道了宽恕的诸多好处，所以更应该清楚报复是不能解决任何问题的。

如果你执着于报复心理，那即是我们所谓的功能失调自我。这是一种深深的无望的状态，将人们推向复仇。这种愿望的背后往往是需要对方感受到与我们相似的痛苦，并幻想对方会清醒过来，向我们请求原谅并改变自己。但在现实中是不可能的，报复从未带来改变。相反它会带我们进入恶性循环，常以升级的暴力收尾。

莎士比亚已经在他的戏剧《罗密欧与朱丽叶》中向我们展示了如果家庭中的矛盾达不到和解，会造成多么巨大的痛苦与悲伤，后果是毁灭性的。即使你觉得自己陷入了僵持的局面，宽恕永远会给你引向一条明路。

平衡给予与接受

当你敞开心扉时，你会意识到生活中给予与接受的平衡是多么重要。在过去，人们总教导女性要通过服务和慷慨来实现自己的命运。你可能知道《圣经》中有句话："施比受更有福。"在我们自爱觉醒后，就可以认识到接受关怀、支持、爱与金钱也是至关重要的。

练习：找到平衡

现在我想请你检查一下生活中最重要的三个方面，看看它们是否已经失衡。你所需要的只是一些时间、一支笔和几张纸。

你的家庭

在第一张纸上写下标题"我的家庭",然后写下"接受"和"给予"两个词。现在将你的手臂放松向前伸展,手心向上,就像手上托着一个大托盘。闭上眼睛,想象你的两只手就是天平的两个托盘,左手代表"接受",右手代表"给予"。现在让双手找到平衡。你的潜意识会告诉你在生命里"接受"和"给予"处于什么关系。比如,如果你的左手("接受")比较轻,它就会上升,而右手("给予")比较重,就会下降。这意味着你付出的比得到的多。当两手都处于平衡状态时,你的生活也就是平衡的。

你认为两只手的平衡倾向于哪种百分比?在纸上写下来,例如"接受:30%,给予:70%"。

当然,每个人的人生都会遇到一些变化。有时我们很坚强,有时我们很脆弱。在某些阶段,我们给予更多,更多是在照顾他人;而有些阶段,我们更多处于接受的角色中。然而如果你发现自己多年来一直生活在给予的角色中,你就会失去内在平衡。对于女性来说通常会变现为灰姑娘综合征,她们会自我牺牲式地照顾所有家庭成员,而忽视了自己。

你的职业

现在开始讨论你人生中第二重要的方面——职业。在一张新的纸上写下"我的职业"作为标题,再写下"接受"和"给予"两个词。再一次,用手比作天平,让自己感受接受与给予之间的百分比并记录下来。你从中获得了什么启示?

你的身体

第三个方面是你的健康和你如何照顾自己的身体。你是否经常觉得身体怎样都是理所应当的？你是否给自己时间休息、做瑜伽、做运动？你都吃什么样的食物？它们带来的是营养还是伤害？有时，我们真诚地站在镜子前反思一下便会醍醐灌顶。

在第三张纸上写下"我的身体"作为标题，再写下"接受"和"给予"两个词。再一次举起手比作天平，感受手的位置，记录下倾斜的百分比。

向接受倾斜意味着你对自己很好，饮食营养、心态放松、保持运动。给予的手代表你为他人所做的一切，例如做家务、搬家、工作或照顾孩子；也代表你的精神活动，例如电脑前办公、写字、绘画、做研究。

作为一名作家，我很清楚脑力劳动多么消耗精力，因此我有自己的方法为大脑提供营养。我个人喜欢服用螺旋藻、束丝藻和欧米伽 3 号鱼油，这些成分都为我的脑细胞提供了所需的能量。但休息和享受大自然也很重要，新鲜的空气和阳光会为身体充电。

评估

看看你的三张表，哪些方面比较平衡，又有哪些方面比较失衡？整体上有没有严重的不平衡？

面对不平衡你有什么感想吗？想做什么改变吗？如果有，现在就是做决定的好机会。告诉自己，你已经准备好改善现状，不再忽视自己，让自己进入更加平衡的状态。

你可以在表格上写下自己的决心，最好可以用肯定句来鼓励自己。例如：

- 因为我爱自己，所以现在我应该要更多关注自己的身体需求，允许自己休息、放松（尤其适用于那些为他人奉献自己的人）。

- 我现在允许自己接受更多的爱、关怀和支持，因为我知道自己值得。我不再需要通过表现来"赢得"什么。

你也可以有意识地用肢体塑成一个天平，然后把不同的生活方面召唤进自己的意识当中。接受与给予的平衡状况应该是什么样的？你可以做什么改变让自己更好地达到平衡？

最后把纸放到一边。如果你喜欢，可以几周或几个月之后再重新拿出来，重复这个练习，比对结果有何不同。

给予不比接受更伟大

大多数人都处于不平衡的状态，而且人们往往认为不论在生活的哪个方面，给予更重要。我们在职场中筋疲力尽，无视自己的身体，还认为自己需要照顾家里的所有人。然而现实是让人痛苦的，我们却不知道该如何摆脱这种困境。

正如我们前文所说过的，这种自毁倾向往往是源于缺乏母爱。同时，想要时刻准备着也有完美主义的因素在。从不表露真情实感的父亲也是我们错误的"榜样"。

我们支配自己的身体只为了照顾他人、完成工作，坚强在这里表现得淋漓尽致。很多时候，我们只是有一次重复了父辈的人生，像他们一样不惜一切代价做个"有用"的人。但我们必须问问自己，真的想要这样过完一生吗？

请诚实地回答以下问题：

- 我是否能让自己继续这样消耗自己的能量？
- 我一定要等到自己筋疲力尽再打破这种模式吗？
- 我是不是认为自己不值得别人帮助？
- 如果我从现在开始更好地照顾自己，会发生什么？
- 当我爱自己时，我要在生活中做出什么改变？
- 我的身体、灵魂在呼唤什么？

许多人需要一次次被唤醒，才能改变自毁倾向。他们意识到自己不再那么"有用"，不再像 20 岁出头那么有活力时会大吃一惊。但当我们筋疲力尽、无能为力又疲惫不堪时，也是打破固有模式的好机会。我们终于可以意识到，接受帮助和支持是好的，也是正确的。

不幸的是，很少有人能及时受到周围人的支持或引导。因为我们大多数都在环境中被设定为执行者，需要不断运行下去，掩盖自己的脆弱。但当我们溃败时，才能看到谁是真正的朋友，而谁只是为了从我们身上获取利益。

学会自我呵护

有几种方式可以打破自我忽视的循环。比如，你可以像做游戏一样，拿出一叠卡片或漂亮的纸，在每张卡片上都写下一个呵护自己的方式。把卡片放在盒子里，每天抽取一张，每天都给自己一点该如何照顾自己的灵感。这里，我有一些模板建议，当然你也可以写自己所想的方式：

- 喝一杯香醇的茶。
- 坐在火炉旁边。
- 去游泳。
- 到森林中散步。
- 去蒸桑拿。
- 绘画。
- 跳舞。
- 按摩。
- 吃一顿别人做的饭。
- 足底按摩。
- 洗热水澡。
- 躺在沙发上听有声书。
- 瑜伽半小时。
- 唱歌。
- 摄影。
- 去电影院。
- 睡个懒觉。
- 早早上床。
- 打坐。
- 听鸟鸣声。
- 拥抱大树。

- 看夕阳或日出。

- 抱小猫或小狗。

- 和家人／朋友拥抱。

- 去餐厅享用大餐。

- 买一张舒适的床和床垫，让自己睡得更好。

- 午间小憩。

- 越野行走。

- 读一本喜欢的书。

- 听喜欢的音乐。

- 写日记。

- 泡澡。

- 晒日光浴，让自己更愉悦。

- 擦拭精油（例如圣约翰药草精油、金盏花精油、薰衣草精油，等等）。

- 准时下班，不加班。

- 关机一段时间（数字排毒）。

- 在夏夜的大自然里露营、看星空。

削减活动，减少承诺

当你读到以上建议时有什么感想？觉得自己没有时间去做这些事？很多长期处于压力之下的人都会出现这种情况，所以有时我们有必要做些清理。当我们想在生活中增添一些积极的新活动时，就需要削减消耗我们的负面活动。

但有时放弃某些活动或丢掉某些责任是很困难的，有时上瘾也会让我们花太多时间上网、看电视，有时家里的纠纷让我们难以平静地滋养灵魂与身体。

为了让你打开思路，我在这里提供另一份清单——这次是关于消耗能量的负面活动。仔细思考自己是否会被某些关键词触发类似愤怒、焦虑、胸闷、不安或内疚的情绪。如果你觉得某件事正在消耗你的生命能量，就把它标记下来。然后想一想如何在生活中消除至少两个标记。请思考以下问题：

- 我有多少时间花在上网、浏览社交媒体、回复邮件或看电影上？
- 手机和短信是不是永远都能联系到我？
- 我在家庭中承担了多少责任？
- 我是否花了过多的时间在清洁上？
- 出于什么欲望，我一直在加班加点、做额外的工作？
- 我为家庭牺牲了多少？
- 我花了多久时间打理花园？
- 有些人只有遇上事了才会打电话找我哭，我是个情绪垃圾桶吗？
- 我做过哪些事只为了让别人对我印象更好？

四个内在驱动力

我们总感觉自己置身仓鼠球之中，被自己的期望和周围人的期待推着走。当我们需要维持仓鼠球的运转，就需要面对 4 个基本的内在驱动力，即：

1. 完美主义。

2. 追求成绩。

3. 渴望得到认可与欣赏。

4. 强迫症（"我必须这样做！"）。

想要找出是哪些内在驱动力在驱使你，可以看看你有哪些思维模式。我在这里提供了一些描述：

- 我必须保持屋内永远干净整洁，这样就可以……

- 我不允许自己犯任何错误，因为……

- 我总是希望自己看起来很完美，因为……

- 我想达成……以便……

- 我想实现我的职业目标，即……因为我一定要……

- 我总拿自己与……比较因为我内心……

- 对我来说，邻居、朋友和同事对我的看法都很重要，因为我……

- 我希望别人认可我的……也希望得到……的欣赏

- 我需要达到……的期望，然后才能……

- 只有我……我才是个好妻子 / 母亲

- 只有我……我才是个好丈夫 / 父亲

- 我对……决不能松懈，不然就会……

你想知道如何摆脱这些内在驱动力和强迫症吗？这里有一个绝

妙的解决方案：即"允许"。对自己慷慨一些，就可以从完美主义的桎梏中解放出来，不再苦苦追求成就与认可，不再苛责自己。

选出上述让你最有感触的句子，然后用心将它改写成"允许句"，例如：

- 我允许自己的房间不是绝对的整洁，因为我知道即使自己不是一个完美的家庭主妇，我也是值得被爱的。

- 我允许自己犯错，因为即使这样，我也是值得被爱的。

- 我不再因为完美主义或追求认可而不停加班。

- 我允许自己是独一无二的，放下与他人的比较。

- 我不再想控制别人对我的看法，只需要保持善良、友善、乐于助人就好。我允许自己自然地生活。

- 当我意识到有些事对我来说会成为负担时，我允许自己忽视他人的需求与愿望。

- 我允许自己放松，因为我知道即使不去控制生活，日子也会一天天地过下去。

接下来写下解决你问题的句子，然后允许自己的内在驱动力退后一步。这能为你提供一个空间，以便在生活中添入对你有益的活动。这样你便可以更好地找到生命接受与给予的平衡。

真实性

真实性是心的第 7 种品质，你的内心感到安全时，便会显现出真实。孩子是自然而真实的，他们的面部表情没有加工，纯粹而直接。因此我们和孩子在一起的时候会非常快乐，因为和他们轻松地玩耍、真诚地交流是如此令人愉快。成年人也可以拥有这种品质，我们应该让周围人真切地知道我们现在究竟作何感受。直白地表露快乐、悲伤或犹豫，会让一切沟通都变得更简单。

如果你不知道如何获得真实性，那就多花些时间和孩子们在一起，向他们学习。学校和家庭都教育我们不要太真实，但这是出于恐惧及对社会期望的顺从。越自爱，你对自己和他人就越真实。真实性是通往我们纯粹与柔软的门票，真实让我们展露自然之美，我们不再是他人眼中的一个谜，也能和别人建立诚实与坦诚的关系。

美国作家奥莉亚·芒廷·德里默（Oriah Mountain Dreamer）写了一首题为《生活的邀请》（*Die Einladung*）的美丽诗篇。她写下了一封永不过期的邀请函，鼓励我们打开心扉，肯定自己的活力。用心阅读这首诗，让它给你力量。请允许所有的想法、冲动和想象占据你的脑海。

生活的邀请函

我不关心你以何为生
只想知道
你追寻什么，以及
你敢不敢去触碰自己内心的渴望

我不关心你年方几何
只想知道
你是否愿意像个傻瓜一样
追寻爱
追寻梦
追寻生命的冒险

我不关心你的月亮落入了哪个星座
只想知道
你是否抚摸过自己真实的悲伤
你是否面对生活的背叛仍敢敞开心扉
还是怕了
退缩了
封闭了自己

我想知道

无论是我的还是你的

你是否能与伤痛共处

不掩饰

不淡忘

不美化

我想知道

无论是我的还是你的

你是否能与快乐共舞

恣意舞蹈

让狂喜从指尖流淌到脚尖

忘记谨小慎微

忘记现实残酷

忘记生命束缚

我不关心你告诉我的故事是否真实

只想知道

你敢不敢让他人失望

但忠于自己

你敢不敢承受背叛的指责

但不出卖自己的灵魂

你敢不敢抛弃信念

但表里如一

我想知道你是否

能从每天的点滴平淡中发现美

即使美也会偶尔休息

你能否从它的存在中

溯回自己生命的源起

我想知道

无论是你的还是我的

你能否坦然面对失败

依然站在湖边

向银色的圆月高声喊：

"我可以！"

我不关心你居于何处，家财几贯

只想知道

在悲伤、绝望、疲惫、遍体鳞伤的长夜之后

你是否还能从床上爬起

养家糊口

继续生活

我不关心你读过何书

又曾与何人在何处同窗

只想知道

你是否愿同我一起

站在烈焰的中心

绝不退缩

我想知道当一切都背弃了你

是什么支撑着你继续前行

我想知道

你是否可以与自己独处

是否真正喜欢那个在空虚时

伴你左右的自己

奥莉亚·芒廷·德里默

　　读完这首诗，你感受如何？你的心中是否有一些东西被触动了？你是否能感受到真实性与生命联结得如此紧密？最美的莫过于从繁杂的日常工作中挣脱出来、重新感受自己、自由地跳舞、深呼吸、看日落、让雪融化在手心里。

　　如果你能回到富有生命力的状态，生活的乐趣会大大增加，你的感官也会再次活跃起来。此时，你可以更容易享受生活点滴中的小乐趣，也更乐于同他人分享。

真实性的反面是伪装

在生活当中我们都学会了伪装，学会了戴上面具以顺应社会。你大概见过很多人都会表面上友好地微笑，与你亲切地交谈，但在谈话结束后立马变了一张脸。你大概见过很多人在你坦白心里话时不知所措。他们在真诚的沟通前感到不安，或许也完全忘记了该如何坦诚。你大概也知道这种痛苦的感觉，因为你无法与他们进行真正的沟通，双方似乎总隔着一层无形的玻璃墙。伪装阻挡了真挚的相处和情感的亲近。在诗中你或许也能察觉到自己的一些坏习惯，让别人难以靠近自己。这种伪装往往是潜意识的保护机制，防止别人在我们敞露真心的时候伤害我们。但是，躲在这些玻璃幕墙之后真的幸福吗？

当你有一定的自爱能力时，在别人面前假装自己木讷不敏感似乎就显得虚假了。你的自尊、自信会让你更加渴望真诚的交流，因为只有这样才能找到合适的朋友、伴侣和同事。

第6章

你的关系网：修复关系

我想请你重新审视自己的关系网。你可能已经注意到，自爱也能改善身边所有的关系。你爱自己，沟通方式也会发生变化，家庭、伴侣、工作关系都会有好的影响。在"你的心房：释放爱的能量"一章中，我们已经看到了关于人际关系的话题，例如宽恕、真实性或示弱。现在我想和你一起深入探讨更多涉及自爱的最常见人际关系话题。

下面的话题常常出现：

- 嫉妒与患得患失。

- 当我身心疲惫时，又该如何重新拥有一段关系？

- 我怎么才能对他人重建信任？

- 平和地划清界限。

- 我该如何坦然地应对批评？

- 相互依赖问题。

- 训练鉴别力：如何识别自恋者和能量吸血鬼？

- 分手后如何放下？

- 被自恋者精神虐待过，我又如何学会爱自己、接纳自己？
- 三角恋、地下情
- 我害怕亲密关系吗？我的伴侣害怕亲密关系吗？
- 我们想要孩子吗？渴望生育或渴望丁克。
- 当一个人想进步，而另一个人却原地踏步，该离开还是该留下？

治疗嫉妒或患得患失

嫉妒是一种信号，标志着人们害怕失去或是自卑。如果你或伴侣被嫉妒控制，可以把这视为一个机会，好好分析一下。很多人都认为嫉妒是爱情的一部分，是严肃承诺的代名词。而从自爱的角度来看，嫉妒是一种不必要的执着，它源于内心的缺乏感。如果你已经知道自己是值得被爱的，并且在关系中已经有了信任的基础，那么就没有理由吃醋了。但现在先让我们来看一看什么会引发嫉妒：

- 患得患失。
- 对伴侣的爱与忠诚缺乏信任。
- 自卑。
- 控制成瘾。
- 害怕伴侣会更爱别人。
- 占有欲。
- 想要征服伴侣，强加于对方一些需要"道歉"的理由。

- 认为"我不可爱，所以别人必须补偿我"。
- 为了曾经的失去与失落沉迷于报复的幻想。
- 潜意识中想要惩罚伴侣。

正如你看到的，嫉妒的背后是复杂的脆弱感和羞耻感。很多人难以处理这些灰色地带的问题。相反，他们喜欢把关系搞得戏剧化，然后用内疚感来轰炸对方。他们要么会控制对方，要么会羞辱自己，用这些情绪来绑架对方。

嫉妒会使人变得十分丑陋，也会让关系恶化。所以，把这个怪诞的面具扔进火堆吧，和你的伴侣发展心与心的交流。也许你也注意到了那些试图控制你的人对你影响很恶劣。而嫉妒是人想控制他人时最糟糕的把戏。

典型的嫉妒行为

以下日常行为都代表着嫉妒心过重：
- 偷偷查看对方手机里的信息。
- 用刺耳的话语逼对方解释。
- 经常提出充满控制欲的问题，如"你要去哪里""你要见谁"。
- 捕风捉影，逼对方屈服。
- 严格控制对方的言行。
- 对正常的人际交往也进行戏剧化地夸大。
- 对方的朋友越来越少。

- 争吵越来越尖锐，越来越伤人。

想要结束嫉妒的恶性循环，必须知道这些控制性行为是完全不正常或不健康的。嫉妒的国王需要下台，停止无理取闹的指控。委曲求全、借口、敷衍都没有益处。相反，你们需要揪出关系当中的真正问题，开诚布公地谈清楚。

找到真正的问题根源，例如患得患失或自卑，然后解决它们，这才是最重要的。同时，不要再用这些情绪勒索对方，把对方绑架在自己身边。因为面对病态的嫉妒，伴侣无论做什么都无济于事。你也可以把这些情绪看做一种成瘾行为。

一个人越注重自爱，就越不会嫉妒。当我们激活自爱，也会认识到如果真的想要审视我们与他人的关系，就必须放开他人。我们需要充分的信任，伴侣是自愿和我们在一起的，不需要做任何事情去强迫他们。爱是不能被强迫、控制或命令的。它就像蝴蝶一样，只会自己停在花朵上，静静地休息。

消除嫉妒的语句

以下肯定的陈述句可以帮你化解、减轻亲密关系中的过度嫉妒：

- 我原谅自己认为自己不值得被爱。
- 我原谅自己误以为对方的嫉妒都是我的错。
- 我接受人无法控制爱情，我放开自己的伴侣。
- 我原谅所有在过去抛弃和背叛我的人。
- 我相信我是值得被爱的。

- 我知道自己独特而可爱。

- 我允许自己被真正的关爱。

- 我有足够的力量面对分手和失望。

- 我知道，爱就像一只鸟，要想让它重回身边，就先要给它自由。

- 我不再因为自己的自卑而试图惩罚他人。

- 我原谅自己曾经因为害怕反抗而忍受对方的嫉妒心。

- 我现在知道谁是真正爱我、想与我亲近的人。我也享受他们的陪伴。

- 我承认伴侣是一个独立的人。

- 我承认，只有一个地方可以治愈我的患得患失和控制欲：我的心。

每当你意识到自己或对方开始嫉妒时，就抓住机会一起诚恳交流一下。一起阅读上面的列表，找出隐藏的真正原因，坦诚表达你的不满。你越向自爱敞开自己，你们的关系就越能喘息。试一试上面的语句，在阅读时保持深呼吸，轻轻释放曾经的恐惧。

找到关系中的恐惧

我看到越来越多的人只是表面上维持一段关系，而不是与伴侣真心相待。但是，如果我们一直与对方保持距离，那就永远不能感受到被真正的看见或呵护，对方也会有同感。为什么会这样呢？

现在的趋势似乎是，无论是男性还是女性，大家都只追求性的接触，而不想拥有正式的关系。对一些人来说，这简直是天堂：没有义务、不会吵架、没有婆媳矛盾、没有承诺。纯粹的性接触不再是男性的专属。很多"有毒的大男子主义者"在这种毫无约束的关系中占对方便宜，同时也有越来越多的女性寻找这种非承诺性的关系，满足性需求，但避免恋爱当中的义务。约会 APP 和单身生活的潮流、性行为的解放都助推了这种趋势。但我们的心究竟作何感想呢？其实，每个人的内在小孩都悄悄地渴望爱、亲近与安全感。因此，在通往自爱的道路上，任何不确定的关系都是一条死胡同。

恐惧承诺，逃避亲密关系

恐惧亲密关系的男性有不同的原因，取决于他们是哪个年代的人。有些年轻人终于逃脱了母亲的控制，想要保住自己的自由。而中老年人在经历过结婚、生子、离婚之后身心俱疲，不再想有新的承诺，宁愿保持独身。

对于女性来说，各个年龄段都会拥有这种恐惧。她们害怕受到伤害，所以用情感盔甲把自己脆弱的情绪保护起来。不走心的关系、性伴侣纯粹的肢体接触才会让她们心里更自在。

但恐惧关系不仅仅是为了避免自己受到伤害。很多人喜欢这样的生活，因为他们觉得自己难以做到忠诚，或是觉得自己不能维持认真的恋爱关系。还有一些人的内心更加封闭，认为自己没有能力爱人。所以一开始就不想给出任何期望，避免自己失望。

对关系的恐惧不光是逃避的原因。也有人用恐惧作为借口，在性关系中不断向对方索取更多，通常若即若离的关系就是这样形成的。因为两个人都同意这是一种纯性关系是极少数的情况。如果你曾经处于这样一段关系，并且十分投入，那么你就知道那种滋味有多么痛苦。而且你也知道，如果你在一段纯性的关系中对对方投入了很深的感情，所谓的性伴侣关系就是在自欺欺人。

导致逃避关系的原因

- 害怕失去。
- 没有安全感的回避型依恋人格。
- 恐惧爱；不敢爱人。
- 缺少好的榜样（父母离异、原生家庭争吵不断、经历过暴力）。
- 经典的情感盔甲，希望对外表现独立。
- 害怕亲近（情感上或心理上）。
- 害怕放开自己，害怕失去控制。
- 质疑自己是否值得被爱。
- 害怕失去自我（讨好型人格、失去自己的生活目标）。
- 害怕被背叛。
- 曾遭遇过自恋型人格的虐待。
- 童年或青少年时期经受过性虐待。

帕特里夏与重度承诺焦虑

我发现自己身上有几道疤，让自己不能纯粹地生活。我意识到原生家庭带给我的伤害是源于我的父母身上也有伤痕，他们无法教会我爱人。他们的自恋型人格阻碍了他们。而我也染上了回避依恋的倾向，不敢与人亲近。

因为缺少安全感，我习惯性逃避。我对很多要做的事情都缺乏安全感，我因为害怕就会逃走。我不允许自己犯错，我认为自己不够好，我必须做个有用的人。

因此当我进入一段关系时，就会不断地陷入循环，重复已经发生过的事。我对别人若即若离、忽冷忽热。因为我想爱，但我做不到。在某一瞬间，我意识到母亲不能带给我爱。因为她是一个溺爱孩子的母亲，她喜欢给我窒息的关怀和母爱，而我花了很久才意识到这些对我是有害的。

我也从母亲那里继承了自恋的特质，还有可能又遗传给了我已经长大的孩子们。但是我很高兴地认识到，我的高敏感性可以中断这种遗传。

我的父亲也有情感创伤——他的母亲在他 6 岁时去世了，因此他的感情就此被冻结，也一直不能对我放手。我能感到作为母亲、伴侣和女儿，在生活中总有一些困扰。但现在我进一步认识到：这还不是结束，这种感觉会一直伴随我。父母并没有给我展现过美好的婚姻，他们的关系充满了争吵、争斗，没有爱，只有勉强维持。但在外界看来，这个家庭似乎拥有着虚幻的完美。

现在我知道了：根本不是这样！而我花了很长时间才意识到这一点。一次次的无功而返让我看清了很多东西，例如期待父母祝福我的婚姻、恋爱都是无济于事的。他们永远不会这样做。

同时拥有多个伴侣

在我眼里，恐惧承诺在我们的社会中还有一个新的表现：即开放式关系。践行这个概念的人们假装没有任何占有欲或嫉妒的感觉。他们不想要纯粹的肉体关系，但喜欢与几个人同时拥有亲密而开放的关系。不设秘密情人，但与几个情人之间都有性关系，而这几个情人相互之间也都知情。

这些人在外人眼里往往十分超脱，甚至冷酷。同时，他们也拥有一种不可思议的魅力，因为他们可以充满自信地掌控自己的情感。但在看似完美的背后，几乎都隐藏着我们在"治疗嫉妒或患得患失"一节中讨论的恐惧与嫉妒。通过拆分恐惧，很多人产生了幻想，认为自己可以凌驾于任何承诺的要求之上，可以十分慷慨，与他人分享自己的伴侣。

但仔细看，有些人实际是自恋型人格，他们创造了一个像自动售货机一样的后宫，从不会孤独。但毕竟，每个伴侣都需要时间和经历。这些关系的背后也可能隐藏着性瘾之类的成瘾性行为，或是缺乏维持严肃关系的能力。这种关系中很少会有真诚的接触，或者说是伪造出来的真诚。

在生活中，这种文化下的关系也确实是复杂的。想象一下，你是一个女人，遇到了这样一个男人，他已婚，与妻子已有两个孩子。然而他现在和你走进了一段关系，而且是公开的，所有人都知情。这样的三角关系在一段时间内绝对是迷人又刺激的，但如果你突然怀孕了会发生什么？如果他的妻子突然得了重病，他会怎么做？在第二段关系中孕育的孩子将在哪里生活？正是这样，我们很快就会遇到日常生活中的壁垒，也使得这样的关系模式从长远来看是不可持续的，只有在一个大社群中才有可能实现。同时，虽然大家都说不会吃醋，但这样的模式中必然会出现嫉妒。

选择恐惧还是爱

如果你已经确定自己害怕承诺，并且知道自己会如何逃避，那么问问自己：你在逃避哪些伤害？你还想继续这样下去吗？

比如，你是否有纯肢体关系或是开放式关系？生活不仅仅需要性。特别是当我们年纪增长，性趣减退之后，就需要一个踏实的伴侣和稳定的生活环境。

如果你和某人的关系非常随性，想一想：为什么会这样？你是否害怕承诺？是否在内心深处其实想和这个人拥有认真的恋爱关系？是否觉得自己不值得真正的爱？你的心真正想要什么？你需要医治哪些伤痛？

一个拥有开放的心和积极自爱的人，在这样浮于表面的关系中总会感到不舒服，总觉得缺少了一些爱与亲近感。这些是不能被任何事物取代的。如果你决心走上自爱之路，那么你迟早也会希望在关系当中体会爱。

后悔进入一段关系

有些人为了避免失望，还会有意识地保持单身。很多人发现单身要比谈一段有承诺的恋爱简单得多，因为不需要离开自己的舒适区。如果你无意中单身了很长一段时间，可以抓住这个机会训练自爱。然后你也会对潜在的恋爱对象更有吸引力，也不再容易产生情感依赖了。

但如果你对恋爱的渴望越来越强烈呢？那么现在是时候敞开自己，让自己认识新的人，多交朋友，多参与体育或文化活动。你的社交网络越大，能参与的活动就越多，也能遇到很多新伙伴。人是社会性的动物，需要爱的关系，可以是家庭，也可以是亲密的友谊。每一个可靠的关系都能提高你的人际交往能力，也能让你锻炼真诚待人的能力。

寻找黄金平衡点

仔细看看两个极端：病态的嫉妒与占有欲，同假装不需要任何承诺、没有任何排他性。那么，中间的平衡点应该是什么样的呢？

我认为这是关于投入一段感情并做出承诺的问题。当我们两个人在一起，在情感上应该是完全向对方开放的。关系是排他的，聚焦在一个人身上的。当伴侣双方相互有承诺，这段关系就不会受到不必要的外界干扰，也就不需要吃醋、嫉妒。这并不意味着要拴住、绑住对方，承诺是不能被胁迫的，而应该是两个人多年来真诚相待的结果。我们不需要许多个伴侣才能获得幸福，也不需要假装超脱，称自己不需要任何依恋的关系。说这话的人通常是没有看到自己真正的需求，或是想掩盖自己对依恋的恐惧。

当然，对什么样的人做出承诺也很重要。你的伴侣是否想要敞开他 / 她的心扉？还是他 / 她对你保持疏离？你是否能在关系中感觉到真诚和坦荡？还是你觉得像是进入了一场猜谜游戏？你是否再次感受到心七上八下的？曾经受伤的时候，你忽视了什么预警信号？在新的一段关系中，你能够察觉到预警信号吗？还是你害怕再次受到伤害？

清除执念

如果想投入一段充满爱的关系，就先要找到心中的陈旧想法，并用爱消融它们。我们的思维模式是从童年就形成的，如果幼年受到过伤害，就会有执念持续影响我们的行为模式。

下面我列出了关于男性、女性、关系和爱的消极想法。读一读这些句子，听听自己的声音：你是否和它们有共鸣？然后写下你的想法。

- 恋爱是不会有好结果的。

- 男人就像小孩子一样。

- 女人的占有欲很强。

- 爱只是荷尔蒙作祟罢了。

- 当我不再感受到脸红心跳，这段恋爱就不想继续谈下去了。

- 我总在人际关系中受到伤害，所以我最好不要暴露出真实的

自己。

- 我从未找到过一个理解我的人。

- 我永远都会是孤独的。

- 比起人，我更信任小动物（我的小狗、小猫）。

- 我害怕如果和别人走得太近，我就会迷失自我。

- 我不想被恋爱支配情绪。

- 男人都是……样的。

- 女人都是……样的。

- 恋爱都是……样的。

- 婚姻都是……样的。

- 我不能放下某某人，因此也无法走进一段新的恋爱。

- 性对于我来说……

练习宽恕

不要止步于分析，请再往前走一步，练习宽恕，这可以帮你放下执念。原谅所有伤害过你的人吧：你的父母、前任、朋友、亲戚和你自己。现在我想给你一些例句来实践，请在每一个"我"字之后加上你的名字，可以强化句子的力量。

- 我，……，原谅我的父母分开了，还让我认为恋爱是没有好结果的。
- 我，……，原谅我的父母经常吵架，没有在解决冲突的问题上成为一个好榜样。
- 我，……，原谅我的母亲在婚姻中迷失了自己，但我自己已经意识到……。
- 我，……，原谅我的父亲从来没有时间陪伴我，现在我知道他是因为工作很忙。
- 我，……，原谅自己曾认为自己不可爱／从来没有找到对的人。
- 我，……，原谅自己在与……的恋爱中贬低、忽视了自己。
- 我，……，原谅自己在与……的糟糕关系中没有听从自己的直觉。
- 我，……，原谅自己在与……的关系中没有学会爱自己，一直忍辱负重。
- 我，……，原谅自己在与……的关系中没有爱自己，一直退让，让我自己丢了自尊／独立性。

克服对亲近的恐惧

许多人渴望爱情，同时又害怕爱情。这是为什么呢？这似乎是困扰许多人的未解之谜。正如前文所提，我们的深层次创伤来源于原生家庭，来源于父母、兄弟姐妹。七八岁之前发生过的事会影响我们一生，尤其是亲密关系方面的问题。

很多人在长大过程中都养成了一种情感盔甲，防止他人伤害自己。这种保护机制通常随时待命，让我们的心脏波澜不惊。粗看似乎好处多多，但仔细看，这只是一条单行道。想要在一段恋爱中真正收获满足、幸福和联结，必须彻底打开自己的心扉，展示自己的脆弱。只有这样，我们才能在关系中收获真正的亲近、亲密和坦诚。否则就永远像是捉迷藏的游戏，在游戏中，我们永远都不能做真实的自己；在游戏中，伴侣也永远都不能真正地亲近我们。

想要用逃避亲密关系来保护自己不受伤害并非长久之计。根据我的经验，只有我们学会拥有充满爱的关系、真诚地沟通，我们才会得到治愈，继续成长。因此，要找到你或对方所害怕的东西。我已经在"找到关系中的恐惧"一节介绍了一些可能的恐惧。

现在你应该要确认一下自己对亲密关系的恐惧究竟是什么。请为以下句子填空：

- 我在亲密关系中最害怕的是……
- 我担心我的伴侣认为我……
- 我害怕如果……我就会失去自由。
- 我害怕别人会发现我……
- 我不敢信任别人，因为我曾……
- 我曾因……非常失望，我担心这种经历会重演。
- 我还没有处理好……所以我宁可先保护好自己。
- 我最害怕的是，如果我真的投入一段感情，就会……

当你通读这些恐惧，会发现它们大多源于童年或曾经的经历，那些关系让你受到过深深的伤害。请放下吧。不要让它们阻碍你未来的幸福。你不再是一个任由命运摆布的小孩子了！你是成年人了，可以从过去的不幸和错误中学习。可以再次练习宽恕与自我宽恕（见"宽恕与内在和平"一节）。与你的内在小孩对话，给它安慰、安全感和保护。

识别预警信号

当曾经拥有过的关系像一个恐怖密室，你作为受害者受到了严重的打击，甚至经历了虐待，那么问问自己，该如何变得更强大。内在小孩并不总是我们问题的答案。这时我们需要一个有意识的内在承认，他已经学会了分辨，需要拥有清晰而冷静的辨别力，帮助我们认识到哪些人对我们有好处，又有哪些人可能会伤害我们。

很多注重精神发展的人内心都有很高的道德观念，包括认为每个人都值得拥有第二次机会、不要评判任何人。但是这样通常会让我们忽视再次出现的危险信号，忽略了潜在的精神虐待预警，让自己陷入危险。清晰、清醒的观点总被误认为是偏见，但这并不是偏见。我的观点是，你要学会观察，丢掉幼稚的天真，不要认为所有人都是好的、善良的、友善的。

学会正确地评估人，你就不再会成为受害者。要做到这一点，可以审视过去的经历。回忆你曾在友谊和恋爱中遭受过的伤害、失望。你曾经忽视了哪些预示着这段关系趋势不妙的信号？你原谅过哪些过分的行为，而它们过后又像回旋镖一样，继续回来伤害你？现在就是仔细观察、从中学习的时候了。

我想给你一些预警信号的例子，如果你想保护自己不再受到伤害，就应该注意这些信号：

- 缺乏幽默感。
- 两幅面孔。
- 缺乏批判能力。
- 控制欲强。
- 不诚实。
- 靠不住。
- 疏离或越界。
- 过分急于开始恋爱、开始性关系。
- 花言巧语、油腔滑调。
- 情感上冷漠，有优越感。
- 威胁、情绪绑架。
- 容易被冒犯，常常误解，很难被安抚。
- 不愿倾听。
- 破坏式行为，成瘾行为。
- 对人不信任，爱嫉妒。
- 只有在不高兴时才会打电话联系你（把你当作情绪垃圾桶）。
- 像孩子一样提要求、跋扈。
- 不能理智谈话，让你很头疼。
- 斤斤计较，冷冰冰。

- 缺乏同理心。

这些例子应该足以唤起你的一些记忆。当你遭遇有类似行为的人时，自我保护是第一要务。此时你可以使用自己的盔甲，不需要敞开心扉，也不要过分暴露真实的自己。我们需要学习什么时候要保护自己，什么时候可以安全地袒露自己。再回忆一下你曾经忽略过哪些信号，记住它们。你不需要在那样的人面前表达真心了，而且对你来说，也不要对这些人产生依恋，无论是友情还是爱情都是有害的。

识别积极信号

遇到新的人时，考察他们很重要。特别是一些自恋型人格非常善于伪装，会在初见时看起来光鲜亮丽，让你感到如沐春风、飘飘然。但不要太快就投入全部感情，否则就容易遭到情感虐待。

有一些积极的特征可以让你找到值得信赖的人，并与其建立爱的关系。例如：

- 耐心、尊重地了解对方。
- 诚恳又兴致盎然地询问你的情况、你的所想、你的所感。
- 尊重你的边界。
- 专注。
- 体贴。
- 真诚、柔软。

- 为相互了解创造时间与空间。

- 有同理心。

- 会倾听。

- 谈论自己的兴趣和价值观，同时也对你的兴趣、价值观和喜好感兴趣。

- 真诚地欣赏、不虚伪。

- 能够等待。

- 会感恩，会宽恕。

- 可以接受新观点，有共情他人的能力。

- 愿意陪伴，无论是同甘还是共苦。

- 认识初期，会有微动作示好，但不会送过分贵重的礼物。

- 没有成瘾行为。

- 拥有健康的心理，自爱、自我接纳。

自爱——健康关系的关键

这些特质也能让你成为一个有吸引力的人，释放积极的人际关系信号。还有最后一点更加重要，即健康的自爱与自尊。

因此，自爱是你吸引他人、准备建立健康关系最重要的一步。你越爱自己，就越不会在情感上过分依赖，越不容易陷入破坏性的关系。自爱是你能拥有的最大保护！它比其他所有的保护性盔甲都要有用得多。自爱让你有选择。你可以投入爱的关系，也可以保护自己不受坏关系的影响。你能做出健康的选择，不再像原来一样任人摆布。

如果你想把自己从不健康的关系中解放出来，自爱是你所有问题的答案。你越爱自己，就越不会接受被别人糟糕对待；你越爱自己，就越能拥有力量将自己从恶性关系中解放。

共同促进关系

一旦你找到值得敞开心扉的人，就可以一起再进一步。在此我想提一些在日常生活中可以用到的实际建议。你可以借此加深双方的关系，让你们在情感上进一步亲密、联结。

- 一起浏览童年和少年时的相册，回忆当时的感受。
- 对待性行为不要着急，不能用仓促的性跳过互相了解的阶段，要先触动对方的心。
- 开诚布公地谈一谈前任，以及你如何放下曾经的感情。
- 多凝视对方的眼睛，深呼吸，在这个过程中感受你的感受。
- 花时间拥抱、亲昵，在大自然中散步。
- 谈谈曾经经历过的失望与伤害，以及在新恋情中你想期待什么。
- 谈话时双方要平等、坦诚。
- 不要害怕自己有需求，更不要害怕对方有需求。
- 观察对方是否可以同你共情，即使有些事你并未用言语说明。
- 观察新恋人有哪些不同于前任的积极品质。
- 展现自己真实的脆弱，观察对方的反应。

- 要知道，童年创伤不一定要带入每一段感情之中。你或许曾经失望过，但仍可以拥有美好的新经历。

联结不代表共同依赖

当我在研讨会和课程训练中谈到关系中的深度依赖，很多听众都会误解为共同依赖。他们认为自己永远都应该保持独立，避免陷入与他人共同依赖的关系。这个问题确实容易混淆。很多人在恐惧之下扭曲了对依恋和联结的定义。他们拒绝伴侣关系中任何形式的情感、实际依赖。然而当我们心心念念要独立时，就无法进入深度的伴侣关系，也就缺少了健康关系的必要条件。

依恋不意味着依赖，而是一种互惠关系，让伴侣双方的关系更加亲密、联结、坦诚、深入。因为依恋是排他的，我们自然会多多少少对伴侣有依赖，而当我们失去他们的时候就会陷入痛苦。这就是我们为健康稳定关系所付出的代价，但这是值得的！

也许你记得小时候曾养过小宠物，像是小狗、小猫或小鸟。孩子们常和宠物非常亲密，把它们当作另一个家庭成员。我们会记得和小宠物们一起度过的美妙岁月、刺激经历和快乐时刻。但当宠物死后，我们就会陷入深深的悲痛，需要时间才能治愈。但当我们克服了这种悲痛，那些美好积极的记忆就会刻在脑海中，在孤独的时候安慰我们。

在爱的关系中也是如此。我们越投入，联结越强，快乐的时候也就越快乐。我们不能期待一个不走心的伴侣关系可以真正触动内心。

关系中的共同依赖

共同依赖是一种有毒的关系。共同依赖现象一词源自成瘾性疾病领域，描述的是被依赖的对象支持成瘾者继续上瘾。例如，酒鬼的妻子纵容他继续喝酒。

即使没有某种成瘾行为，共同依赖关系也总是很戏剧化。共同依赖的伴侣通常无法打破恶性循环，从关系中解脱出来。很多人直觉感到情况不对劲，但只有在读相关文章或书籍时才会意识到这种关系多么有害。共同依赖通常的形式为一方是依赖者，而另一方是共同依赖者。童年时经历过自恋型父母虐待的人，在成年后更容易重新陷入这种模式，因为他们已经习惯了消极的关系模式，不认为有必要脱离有毒的关系。更糟的是，他们在这样的关系中停留时间越长，越习惯无助、无力和长期自我贬低。

识别关系中的自恋型虐待

这里我想讲几个例子，描述经常发生在自恋型虐待关系中的典型模式。我在研讨会上总是惊讶于人们的症状是如此相似。有时我们感觉好像这些故事就像从教科书里出来的一样，在不同的关系中一次次重复。

在共同依赖关系中，对方会在两个极端中反反复复，让受害者难以挣脱。

- 冷暴力：通过无视和沉默来惩罚对方。另一个人会感觉无助、内疚、害怕断绝联系或失去关系、成为家中的局外人、惊恐。

- 情感绑架：当另一半让自己不满意的时候，自恋型人格会用情感绑架对方，表示愤怒、被冒犯、责备、指责、激烈的争吵、惩罚、报复、冷漠，甚至以自杀相要挟。

- 孩子般幼稚的互动：两个人可能都很听从自己内在小孩的声音。这会让关系充满色彩，但也容易有不成熟的行为，强烈恐惧失去，受到原生家庭的创伤影响。

- 贬低：虽然恋爱中过去和现在都还存有甜蜜的时刻，但时不时就会出现撕破脸地指责、批评或指控，破坏对方的自信心以让对方屈服。

- 缺少共情：无论伴侣发生什么，生病、抑郁或是陷入消极情绪，他们的反应都是一样的："别再闹了！不要这么敏感！你太夸张了，根本没有这么糟糕。不要大吵大闹的！"缺少共情的自恋型人格无法理解他人的情绪，相反他们还会翻脸不认人，大肆指责别人。

- 歪曲和迁怒：自恋者不会反思自己，而且也完全不能看到自己的问题（例如嫉妒、消极、贪婪、妒忌、控制欲强，等等）。因此他把这些问题都迁怒到朋友、伴侣身上。伴侣需要随时解释一些毫不知情、与自己毫无关系的事情。高敏感型人格会很容易感到内疚，因为他们相信这些歪曲和迁怒。

- 分裂和孤立：自恋型虐待很多时候还会使用孤立的招数。如果伴侣一方是自恋型人格，另一方往往会变得孤立无援、失去朋友，甚至和自己的家人疏远。这样一来，自恋者就拥有了更多权力，对方也越来越不可能离开自己。甚至如果父母是自恋型人格，兄弟姐妹之间也会被离间。

治愈这种模式最好的方式就是离开。因为自恋的人是不会改变的，无论你投入多少爱与时间。

是什么导致了共同依赖关系

自恋型虐待不是唯一的共同依赖关系，很多模式中双方都会依附于对方，两个人都还不够成熟，需要紧紧地附着在对方身上寻找价值。通常这种关系当中，一个人扮演的是像母鸡一样的保护者，而另一个人是被宠爱的角色。但双方都投入了许多来让对方快乐。

有一些性格容易在共同依赖关系中失去自我。下面的例子就说明了哪些行为会促进或加强共同依赖关系：

- 害怕表达自己的意见，以避免冲突。
- 恐惧失去。
- 害怕孤独，认为自己一个人生活没有意义。
- 总是需要获得许可或确认。
- 内在小孩充满了恐惧，需要别人肯定自己的价值。
- 心智不成熟。
- 做决定时总需要询问对方，因为害怕起冲突。

- 觉得自己有义务让别人开心。

- 责任感过强。原生家庭角色颠倒尤其会对孩子产生此类影响，比如父母是瘾君子，孩子必须像家长一样去照顾父母。

- 觉得自己对伴侣所有的负面情绪都有责任，想尽一切办法去消除它们。

- 觉得自己别无选择，只能忠诚地留在这段关系中。

- 按照对方的价值观和目标行事。

- 坚信一切问题都可以用爱来解决。

- 对恶劣行径有很强的容忍度，可以容忍破坏性或攻击性行为、成瘾性行为或是冷暴力。

- 愿意将自己整个生命与精力都投入到这个人身上。

如果你看到了自己，请用爱来包容自己。对问题避而不谈或自暴自弃都是无济于事的。如果你接纳了这些，你就能从中学习。稍后我们将谈论这些问题背后的深层原因。你会看到加强自爱会如何帮你冲破共同依赖的关系，越变越好。

情感创伤的女性和共同依赖关系

你是否认为有爱、细腻、可靠又懂得共情的男人很无聊、毫无吸引力？我在课程当中遇到过许多这样想的女性。她们也有各种各样的情感问题，要么是单身，要么被困在一位带给自己极大痛苦的蓝颜知己身上，有一些人嫁给了所谓的"好男人"，但觉得十分无聊。

这些女性通常都有一个冷漠的、控制欲强，甚至威胁性强的父亲，父亲从未让她们体会过做公主的感觉。相反，她们需要不停地渴望爱、关注和温柔。她们习惯了这种模式，也将白马王子描绘成了父亲那样的人。真正的亲近、情感的亲密与充满爱的关注对于她们来说是陌生的，尽管她们一直强调自己多么渴望这些。她们发现有爱心、温柔敏感的男人很容易相处，但觉得他们无趣又软弱。最致命的是，她们并不能被这些男性吸引。如果意识不到自己的思维惯性，等待她们的通常是不幸的恋爱关系，对方或许很有魅力，但在情感上无法亲近。很多将性与亲密混为一谈的人需要一些时间才会意识到，情感上的亲密与真实性和示弱有关。而我们在性格强势、个人意识强的人身上是很难找到这些的。

何种男性吸引共同依赖关系中的女性

我们的伴侣是自己选择的，虽然有时候是无意识的！当我们充分意识到自己受到了哪些思维惯性的影响时，才有能力修改自己的决定，重新做出选择。只有这样，我们才能创造充满爱的关系。

容易走进共同依赖关系的女性会被某些特定类型的男性吸引。下面我列出了一些类型。

当然也会有相反的情况，情感脆弱、心思细腻的男性也会被冷漠的女性吸引，走进一段关系。

共同依赖关系中常被选择的男性类型

* 可望而不可及，无论是空间上（异地恋）、家庭关系上（地下情）或是情感上有距离。

* 他非常需要自由和自主权，但又想要一个可靠的伴侣，愿意对他做出承诺。

* 他想寻找一个坚强的女人，用她的能力来弥补自己的弱点；或是想寻找一个明显弱势的伴侣，可以在关系中支配她（经济依赖）。怎样选择取决于他把自己看成受害者／弱小无助的人，还是成功人士。

* 很难忍受情感上的亲近。

* 女人替他处理了他无法应对的生活问题，或消除了他深深的无力感。

* 女人填补了他内心的空缺，或是他填补了对方的空虚。

* 他需要大量的认同、关注，也有很多欲望（常表现为外遇或开放式关系），而女人需要包容这一切。

* 他喜欢让女人为他争风吃醋，觉得很刺激，也常常冷暴力、若即若离，但这些满足了他对认可、吸引力、权力和被需要的追求。

* 他会犯错、越界、羞辱、冒犯、伤害别人或者有成瘾行为，但依赖性强的女性总会找到替他开脱的借口，任其发展。

* 真爱让他害怕，或者他不知道该如何给予和接受真爱。所以他通常会痴迷做些大项目，例如职场成功、盖房子、翻新房子、成瘾行为、过度运动、不停旅行，等等。他总把这些事当作借口来逃避生活中过多的亲近。

我们能从共同依赖关系中学到什么

当我们探讨自立、寻找自我价值、恐惧孤独、培养内在成人的话题时，在一个共同依赖的关系中生活能让我们看清自己。共同依赖的关系就像监狱，但我们往往已经习惯了，因为进入了舒适圈。

在这样的关系中，如果你"不乖"或者不听话，往往就会面临惩罚、贬低，甚至威胁。伴侣彼此都非常在意对方，但却容易让对方陷入桎梏。在很多人的生活中是完全不可能想象独自旅行、购物或休闲的，否则就会感到不完整、不适应、被孤立或没有安全感。他们宁可忍受情绪化的矛盾，也不想独自一人去看戏或是生活。

但共同依赖在多年后会引发更大的孤独。因为为了让依赖关系更稳固，有些人会特意欲拒还迎，有时孤独也会产生孤独。当你突然发现自己几乎没有朋友，在生活的方方面面都依赖于自己的伴侣时，可能会受到巨大的冲击。

这种模式中，人很难拥有自我效能感、独立自主性和自我认同。即使开始是美好的，但过度的依赖仍然会导致人难以成长、丧失自我。

共同依赖的关系也不全是负面的，置身其中还是能感受到很多关怀和责任的。但人们往往不知道还有其他的方式来表达。两个人都有需求，也都能用某种方式满足对方的需求。但共同依赖的代价通常是失去朋友和社会关系。因此，一定要维护住自己的朋友圈，当自己的关系出现问题时也不必觉得丢脸。

寻找并培养平衡点

在一段健康的关系中，当我们需要对方帮助时，或是当我们在情感上有需求、渴望得到拥抱、支持或安慰时，依恋都是正常的，不需要妖魔化它。这些孩子般的需求是我们人类意识的一部分，完全无害。因此，试图压抑所有的需求和依赖并不是解决问题的方法。

因此正如我在本章中概述的，我们要做的是在依赖与独立之间找到健康的平衡点。所以在我看来，从一个共同依赖的关系中解脱出来后，保持单身、不再谈任何恋爱并不是办法。

容易陷入共同依赖关系的人有以下课题要做：

- 形成稳定的自尊心，不依赖于外部的肯定。
- 接受孤独，消除对孤独的恐惧。
- 发展自爱。
- 将内在小孩从自卑、羞耻、无助感中解放出来。
- 强化内在成年人。
- 在依赖性和独立性中找到平衡。
- 用新的方式参加爱的冒险，训练辨别能力。
- 学会医治自己的弱点和怪癖。
- 克服恐惧，接受挑战。
- 让他人爱真实的自己。
- 不再玩拙劣的游戏。
- 练习划清界限、保护自己。
- 不要太执迷于别人的许可。

- 优先考虑自己的生活、欲望和爱好。

- 要学会允许自己让别人失望，把别人的责任还给他们。

- 练习情绪的自我调节（双方都需要）。

- 不再让自己被情感绑架。

- 自己做决定。

- 学会照顾自己。

- 告诉自己是可爱的，减少自己的嫉妒心和占有欲。

- 克服无助感。

- 自己填补内心的空虚。

- 允许自己除了女人、母亲、男人、父亲之外，还有其他角色。

- 戒掉成瘾性行为。

- 自己定义自己的价值。

用无条件的爱替代需求

共同依赖现象通常是因为人们想用迂回的方式满足自己的需求。当我们还拥有像小孩子一样的需求时，就容易被操纵，也容易在生活中过分妥协。

如何解决这个难题？我相信对所有人来说，学习无私的爱都是有益的。这是一种不问需要、只需给予的爱的形式，因此我们需要在自己身上找到爱的源头。要学会不依赖于他人回报自己的爱，也不依赖于他人满足自己孩子般的需求。

因此我想邀请你一起练习无条件的爱。

也许你曾经爱上过一个已婚男人或者是一个被困在关系里的女人。很多人都蹚过这种浑水，他们幻想可以与这个人一起生活，不惜破坏一个家庭，只是想让自己收获幸福爱情。确实有些人与新的伴侣一起过得更幸福，那对大家都再好不过了。但这里我想谈的是最典型的地下情三角恋。常见的一种情况是分居，这时你的伴侣可能已经决定走进新的关系。我们的内在小孩会十分受伤，受害者的感觉时常出现，也无法摆脱那种失去的痛苦。

当你单相思，或是放不下前任时，就是实践无私之爱的好机会。你可以用爱去审视这个人，也可以向他表达爱、送礼物，但不要期待自己的感情会得到回报。试着放下所有关于控制、依恋、地下情或情欲的想法。你会看到自己从需求中走了出来，你的生活也不再取决于这一个男人或女人。你会突然意识到，爱的源泉就在你的心中，而不是来自某个人是否爱你、想要你。

无条件的爱也是处理儿孙辈问题的关键。但在这些关系中也会有期望，比如希望孩子服从、按自己的愿望成才。不要继续这样了，只需要无条件地给他们你的时间、你的爱、你的关注，他们会回报你亲密的关系、信任和依赖。我们放手的东西都会自己回来！也许你也知道期望的压力会让人多么喘不过气。遇到一个没有期望的人是多么美妙，他尊重你的选择，爱你本来的样子。

第 7 章

你的灵魂空间：精神层面的自爱

当我们从爱情和友谊中毕业之后，下一步必然就是提升自己的世界观了。大部分人都有精神渴望的追求，想要寻找生命、神性、灵魂和超觉的意义。有时我们是意外触发这些思考的，有时我们是主动在追寻它们——通过祈祷、禁食、朝圣或冥想。

这些超越自我意识的意识流空间一直存在于人类社会中。它是一座通往其他自我维度的桥梁，通向那些学术心理学抵达不了的地方。我们也需要这些空间来应对生活中的坎，像是痛苦的失去、疾病、死亡或漂泊。许多使用过精神类药物、实践过萨满旅行或暗室闭关的人都描述过一种意识空间的存在。卡尔·古斯塔夫·荣格（C. G. Jung）的原型理论将其描述为所谓的"集体无意识"现象。

在那些空间中，我们的阴影原型和压抑的潜意识阻碍了内心和平，压抑潜意识也会使人患上精神疾病。这就像与床下的怪物战斗——只有当我们明白它就是自己的一部分时才能打败它。了解阴影原型、相关创伤和关键生命能量，我们才能变得更完整，继而在潜意识中寻找到更高层次的爱、联结、统一和直觉。

莫妮可整合她的阴影原型

这是一个关于我如何找到自爱的故事。

我的心中一直扎根着一个想法，那就是我真实的样子是不好的，只有符合外界要求，我才会被爱、被接受。而我与生俱来的天赋、潜力和才能，并不被原生家庭或生活所欣赏。

于是我开始剥掉它们，告诉自己要把创造力、个性、独特和真实都隐藏起来。但在 2019 年我进行了痛苦的蜕变，开始允许自己将所剥掉的东西——我的阴影——重新带回来。

我开始了走进自己内心的旅程，因为我的心脏越来越不舒服，有一种沉重感压在我身上，让我无法呼吸，也无法享受任何生活。有一天，我心中的担子重得让我难以忍受。我闭上眼睛，忽然看到自己在一个地牢里。地牢黑得可怕、冷得可怕，还弥漫着一股恶心的臭味。我站在一个有栅栏的牢房前，看着这个潮湿、寒冷、黑暗的空洞。

突然间，我看到有个生物被铁链锁在角落里，它憔悴、孤独、惊恐，它背对着我，身上还有一道未愈合的伤口。我意识到这个被虐待的人就是我自己。我走进牢房，想和这个"我"接触，想触摸、拥抱它，但它不信任我，仍然用后背对着我。

我开始向我的精神向导求助，突然一切都变得不一样了。我的脑海中出现了一个自然界圣地，那是一个在山顶的祭祀场所。我的精神导师、精神向导、灵魂祖先、祖辈，还有智者婆婆、萨满婆婆都在那里。他们围成一个圈，打鼓、跳舞、烧香、唱歌。

而保护圈的中心就是那个黑暗的生物。她已经没有了锁链，站在光下；她怒吼，颤抖，憎恨圈中的所有人。我不明白为什么没有人去帮助她，然后突然意识到，她早已被灯光、圣歌、喧闹和光影淹没。但她对每个人都或低吟或怒吼，不信任任何一个人。事态持续恶化。

突然，一个穿着白色睡衣的小女孩赤着脚、披着长长的头发走进了圈内，径直走向了那个生物。她闪耀着明亮又纯洁的光。所有人都很意外，包括那个黑暗的生物。那一瞬间，它自由了，被女孩所散发的纯粹的、无条件的爱包围了。女孩拉着那个生物的手，一起躺在地上，紧紧地靠在一起，在同一个频率下呼吸。无限、纯粹而又无条件的爱淹没了那个生物，也照亮了整个世界。

平复下来之后我深受触动，泪水滚滚而下。我不仅看到了自己的阴影，还发现身上能够无条件爱人的那部分，因为那个女孩也是我。

自从我意识到自己拥有自爱的一面，就能很快察觉到什么会违背真实的我。这个世界总是逼迫我增加阴影，但我现在可以更快感知到它，然后拥抱它、让它沐浴在光明中。意识到这一点之后，我在生活中更加坦诚，不再向世界隐瞒那些我看似尖锐的东西。

整合阴影

阴影是精神分析学和超个人心理学中的概念。另一种术语说法是"自我的分裂"或"分裂的人格意识"。在童话故事和梦境中，它们总以黑暗的形象出现，让我们感到恐惧。它们也常常是某种具体的形象，例如"怪物""乌鸦""黑暗侏儒""邪恶女巫"或是"恶龙"。

阴影是我们意识中受创伤的部分。它们可能从出生就会出现，例如并发症；也会在儿童早期发展时因为父母分离、孤独、霸凌、失去或遭受其他命运打击而产生。恐惧、愤怒、无助或无力感会将我们压倒，所以我们必须把它们锁进抽屉。我们被迫压抑这些意识的时间越长，它们就会长得越大，在多年之后长成一个真正的怪物。它们需要我们的爱，也想重新与其他意识融为一体。我们越是害怕，内心就越紧绷，也就越无法把这些阴影作为自己的一部分来认可、爱护。莫妮可的例子就很好地说明了这一点。

我们如何才能再次找到自己意识的分裂，将它们与其他部分重新整合起来呢？在生活当中，我们习得了各种各样的防御策略来阻碍它们。所以阴影才经常以梦的形式出现，而且往往是噩梦。另一种形式是绘画，我们需要用直觉和情绪完成治疗性绘画。而压抑的阴影会体现在你的色彩与图形当中，有些时候还会出现具体形象的符号。所以绘画疗法经常用于儿童心理治疗，因为此时内心的潜意识冲突和情感创伤就会暴露出来。

还有一种跳过理智的方法就是扩大意识空间。世界各地都有相关的原始文化，大多数文化会使用鼓点让人进入恍惚的状态。因此，莫妮卡看到了一个打鼓吟唱的祭祀圈在治愈阴影也并非偶然。还有很多人会用萨满教的吟唱或者其他精神类药物，彻底关闭日常的理智，打开未知的，甚至是超现实的意识空间。但这些方法还未普及，而且药物必然会带来难以预估的风险。

对于我们现代人来说，在一个安全的治疗环境下拓展意识非常有效。而"整合疗法"和"全息呼吸法"、灵性舞蹈或是带有引导的冥想、构建内心图像（例如催眠系统治疗）以及刚刚提过的绘画疗法都已被验证卓有成效。

一旦我们克服了恐惧，重新把分裂出来的东西整合回去，就会有长期稳定的治疗效果。整合阴影是自我愈合道路上最具挑战性的时刻之一。

我们被规训要克制强烈的情绪，例如愤怒、攻击性、对死亡的恐惧或是一切相关的问题。但就像莫妮可的例子一样，我们需要自己内心充满爱与纯净的意识状态（象征着爱的内在小孩）来整合意识中嫉妒受伤的部分。这种时刻会让人感到非常自由、非常平静，甚至可以缓解长期的精神和身体紧张。很多童话和电影都描绘了这样的融合时刻。而为了实现它，我们确实要经历艰苦卓绝的英雄之旅。

阴影是内在追踪者或破坏者

在为童年经历过严重情感或精神虐待的患者治疗时，治疗师会提到所谓的"内在追踪者"。"内在追踪者"不是自我人格的分裂，而是"伤害者内摄"，是人们把伤害自己的人内化到了自己的意识当中。这种创伤对于患者来说是非常痛苦可怕的，他们很难通过自己走出来。这时就需要专业医生为他们进行深入的创伤治疗，分清哪些是自我的灰暗人格、哪些是伤害者内摄，而不仅仅采用普通的创伤疗法。

抑郁还是心灵的黑夜

有句话说："最黑暗的时刻就是黎明之前。"夜最黑的时候，太阳马上就会升起，会把光芒洒满大地。而世间所有的生命都诞生于女性毫无光亮的子宫之中。所以人们说，创造是在黑暗中开始的，从精神角度上讲也是一样。当我们在夜晚仰望天空，望向深邃黑暗的太空时，就会想起宇宙的起源。

在心理学上，我们也会经历"黑夜"，很多人会将其等同于抑郁症，但黑夜的意义远超于此。自 16 世纪以来，"心灵的黑夜"一词一直作为基督教和灵性研究的核心概念被广泛探讨。它最初是西班牙加尔默罗会圣十字若望（Juan de la Cruz）所提出的。他因为推动修会中的宗教改革而被同僚们绑架，囚禁在西班牙托莱多一个修道院的黑暗地牢里长达 9 个月。

在《心灵的黑夜》一诗中，若望描述了他在这段漫长黑暗监禁期间的神秘经历。那种经历会让人们的情感与灵魂拓展到个人意识之外。印度和南美洲的僧侣、部落土著也会特意在黑暗的山洞里待上几周或几个月，让自己的意识得到升华。

荣格在他的作品里描述"心灵的黑夜"是一个人个人化过程的一部分，我们能在这个过程当中发展个性、实现自我。

心灵的黑夜

心灵的黑夜会随着一些大事件悄然而至，例如离婚、失去、死亡或者是全球危机。也可能会在大喜或顿悟之后出现。有些人也会毫无预兆地开启心灵的黑夜。

一个人在经历心灵的黑夜时会穿越哪些意识空间？整个转型过程有好几个阶段，有些阶段来得早、有些来得晚，也有可能同时发生。这个过程可能需要几个月甚至几年的时间。

接下来我会描述各个阶段的样子，并举出例子。你会看到很多描述与典型抑郁症的症状很像。看似自我毁灭，但其实是一个彻骨转变的过程，你会像凤凰一样浴火重生。

几个阶段分别是：

- 躯体症状。
- 失去自我认知。
- 外界遭遇失去或动荡。
- 孤独、被隔绝。
- 寻求治愈、治疗与支持。

- 真正的转变。
- 找到新的自己——回归生活。

躯体症状

心灵的黑夜会带来很多严重的身体不适，如倦怠、疲惫、疼痛或各种毫无来由的毛病。还有抑郁症患者熟知的打不起精神来，却又不受控制。

失去自我认知

生活、经历和命运的剧变会让人改变对自己的认知。有时，人们觉得自己正在发疯，或觉得不再认识自己了。这是因为他们经历了一个刻骨的变化，也是所谓的"自我死亡"。曾经的自我认知和信念都不复存在，旧我消失了，但新我还没有诞生，就会出现一个真空阶段。

在这个过渡阶段，人们会感到非常迷茫、脆弱、焦虑，有时还感到内心空虚。我们可以把这比作婴儿的出生，只不过它并不在母亲的子宫里，也不是真实的。这是最危急的时刻，我们不能在这个阶段停留太久。

外界遭遇失去或动荡

心灵的黑暗力量通常会让人觉得失去是自己的宿命。这可能出现在心灵的黑夜之前，也可能出现在筋疲力尽或伤病之后。这个阶段的人会越来越缺乏安全感，感到失落与孤独，而外界的不稳定会进一步加强这些感觉。内心失去了平衡，本就出现裂痕的自我认知开始变得更加破裂。你的内心崩溃了，感觉自己被撕成无数个碎片。

在萨满的开学典礼上，这个阶段被称为"肢解"。萨满把这视作内心被召唤的重要而又神圣的节点。旧的自我被风吹散了，灵魂才会找到力量，把一切归序重排。再加上新的治疗手段或是超感官知觉的天赋，意识被重新整理，精神束缚也减少了，你会收获未知的能力或全新的生活目标。而这些目标是曾经的自己从未想过的。

孤独，被隔绝

在心灵黑夜的至暗时刻，人会面对巨大的孤独与寂寞。因为当一个人经受这样的危机时，朋友和家人往往也会远离他。有时，社会害怕你负面情绪的深渊，可能只是对你缺乏理解。但在孤独和寂寞中，你会调动起自己都未曾探索过的力量。这像是一个死亡的过程，灵魂出窍又回来，然后建立了与神灵或超验意识的联系。

寻求治愈、治疗与支持

迎来真正的转变之前，你的各种力量都被调动起来了，也会寻求外界医生、治疗师或大师的帮助。这时你可能会忽略了自己的内在力量，但这才是它正想显现的时刻。在这个阶段，你已经无法回到曾经的生活了。很多人没有意识到这一点，因此会再次陷入焦虑和恐慌。

真正的转变

在你放下了一切之后，一个崭新的自由空间就会出现在你眼前。有时候，人必须经历痛苦的精神危机和信任的缺失，才能再次从黑夜中苏醒。经历过失去和孤独，你才会重新思考生命的意义。曾经拥有的精神信念或宗教信仰可能会遭到质疑、摒弃，你也可能会给出新的解读。旧的自我死亡了，新的自我诞生了。这种新我不需要和旧我有本质上巨大的不同，但它有自己的特质，也有新的权力。就像令人心碎的离婚或移居国外一样，一切都变了，在我们经历过这些事件之后，生活就彻底改变了。

找到新的自己——回归生活

从心灵的黑夜开始到自我的重生可能需要几个月到几年的时间。最后，你会从黑暗中找到一些东西，然后成为一个新的人。这是与自己灵魂、生命本真的秘密接触，对于许多人来说，也是同更高级、更神圣的能量接触。这样的转变一定会为人生带来彻底的改变，例如新的职业规划、关系、友谊、爱好，或发现自己新的才能。而且你的身体往往也会看起来彻底不一样了。

心理危机中的专业帮助

在遭遇精神危机时，一些人感受了洞察力、个体性、神学、开悟、意义或是所谓的昆达里尼觉醒（译者注：昆达里尼的梵文原义是卷曲的意思，印度瑜伽中认为它是一种有形的生命力，蜷曲在人类的脊椎骨尾端的位置），即感受到一种强烈的能量（像火一样）顺着脊柱从尾椎骨延伸到头顶，触发了意识。这样的时刻可能会让你觉得可怕、担心，但也可能会觉得释然。

当你需要寻求支持时，一个没有处理精神危机经验的治疗师可能作用不大。特别是在应对戏剧化事件的课程中，一定需要一个专业的治疗师，避免你走向成瘾行为或自杀，不可以掉以轻心。精神疾病有可能会带来巨大的恐惧、迷失自我或是对末日和救赎的沉迷幻想。

如果想真的帮到那些受伤的人，我们必须将具体的精神疾病和精神危机区分开。超个人心理学在这里十分有用。心理治疗和超个人心理学的先驱有卡尔·古斯塔夫·荣格（Carl Gustav Jung）、罗伯特·阿萨焦利（Roberto Assagioli）、卡尔弗里德·格拉夫·迪尔凯姆（Karlfried Graf Dürckheim）、斯坦尼斯拉夫（Stanislav）、克里斯蒂娜·格罗夫（Christina Grof）和肯·威尔伯（Ken Wilber），他们都拥有很多处理精神危机的经验。

克里斯蒂娜·格罗夫（1941-2014）和她的丈夫斯坦尼斯拉夫一起于 1993 年在美国创建了一个整体疗法治疗师联盟，帮助人们度过这些阶段。2013 年，她在接受《SEIN》杂志的海德·玛丽亚·库贝内克博士（Dr. Heide Maria Koubenec）采访时所说（www.sein.de/notruf-spirituelle-krise）：她自己曾经经历过昆达里尼危机，知道那种艰难的感受，甚至也一度只能用酒精来麻痹自己。

他们的国际联盟叫做"SEN"，意思是"灵学急救社群"（Spiritual Emergency Network）。德语名为"Netzwerk für spirituelle

Entwicklung und Krisenbegleitung e.V."（www.senev.de）。你能在社群黄页里找到很多高水平的治疗师和心理学家。柏林还有另一个协会（www.freiraumberlin.de）也很擅长处理精神或心理危机。巴德基辛根的海利根费尔德诊所（Heiligenfeld Kliniken）可以为患者提供住院条件以解决精神危机（www.heiligenfeld.de）。

找到更高自我

你可能听说过"更高自我"这个词，听起来似乎有点深奥。但在我眼里这个概念妙极了，可以帮我们从更高的维度审视自己的生活。更高自我说，我们的心脏中住着一个神圣的火花，维持着我们的生命。它是我们灵魂本质的储存，它的存在完全不受外界的影响。

一个纯物质的生活会失去意义，我们对死亡的恐惧也会逐年增加。如果我们只把自己看作一副躯壳，就会感觉自己活得像个机器人，按照社会和基因的设定运行。但当我们仔细看世间万物，就会发现一切都是那么的完美、蕴藏着玄机。我们能从高等数学和物理学中看到一些蛛丝马迹，比如存在于所有植物、树木和人体中的和谐的黄金分割比例。

在自我否定时，我们常常容易忘记真、善、美就在心中。而当我们准备好接受一个更高的、更神圣的自我时，就突然可以发现心中无限的智慧、直觉和爱的来源。我们越与自己体内神圣的火花对话，就越不再需要宗教或精神的救赎，不需要大师、巫师或其他神秘的导师来告诉我们，他们如何进入精神世界、从那里获得了什么信息。

每一个能为自己意识打开心灵空间的人、学会冥想并与更高自我同行的人都能从自己的内心收获许多问题的答案。这让我们成为独立的掌权者，也可以借此将自己从情感或精神依赖中解放出来。在与更高自我接触时，你能看到一个强大的形象帮你召唤出了理想的自我。理想自我是一个融合了你所有才华、心灵力量和心智的完美产物，但我们通常难以实现生命赋予我们的全部潜力。当你一直盯着自己的缺点、伤痕和失败不放，就一直会被受害者的形象捆绑。

在和更高自我对话时，你更容易学会无条件地爱、原谅、放手，能更冷静地处理生活中的难题。和心中的神圣火花对话，你能感受到更多生活的意义，找到棘手问题最直接的解决办法，是在梦境、思考和深度放松中抹平一切。

找到更高自我

想要找到更高自我有很多种方法。你可以用冥想之类的方式有意识地去联系它。它也可能会在非言语的意识流中出现，比如梦境。学会解读这些象征性的语言会大有帮助。

梦境

我们都知道，很多著名的科学家和研究人员在解决难题、推演公式时，在睡觉或放松中得到了答案或灵感。因为梦也有很多种。当我们晚上沉浸在梦境时，也许要处理日常琐事或是情绪问题，也许会沉浸在完全未知的世界中被灵感冲击，也可能在平行世界试验自己的人生规划。梦可以给我们的生活带来无数灵感，更妙的是，我们清醒的意识和理智在这时也会被关闭。

有一种特殊的梦被称作"清醒梦"，孩子们天然就会做这样的梦。同时还有一些特殊的技巧和练习可以帮我们激活或加强清醒梦。美国心理学家斯蒂芬·拉伯奇（Stephen LaBerge）研究了这一现象，并发表了《清醒梦：在梦中保持意识清醒的力量》（*Lucid Dreaming: The power of being aware and awake in your dreams*）。

通过练习，你的意识可以识别梦境并控制梦境。我们就拥有了无限的可能，可以探索意识的边界，训练洞察力。在清醒梦中，我们能意识到自己在做梦，还可以主动控制梦中的事件。就像是进入了一次微观的超觉之旅，在那里一切自然法则都失效了，我们甚至可以无视中立。也许你还能记得自己小时候有趣的梦，在梦里你可以横躺竖卧，甚至像超人一样从一栋摩天大楼跳到另一栋。那些时刻让我们快乐，将我们从烦琐的日常中解放出来。还有一些梦让我们预示未来，或者收到灾难或错误的预警。加工梦是一把宝贵的钥匙，让你接触到更高自我的超级智慧。

同步性

同步性是指因为奇妙的巧合遇到一些完全陌生的人，但他们带来的信息、带我们去的新地方却让我们受益终生。同步性不是意志所能控制的，它们只会那样发生，这可能是来自宇宙或更高自我的馈赠。要记住那些让你的生活彻底转向的巧合，问问自己，是不是冥冥中自有安排。

直觉

你的神圣自我还有可能通过直觉与你联系。我们常常会突然产生直觉性的想法、洞察力或灵感，就好像是突然冒出来的念头似的。

我曾经有过类似的经历。那一瞬间我突然觉得需要重新检查一下我那辆二手车的冬季胎，虽然之前的修车厂已经告诉我没问题了。那时是 1 月中旬，我需要开车去慕尼黑，天气特别冷，路面也很滑。但我的念头非常强烈，所以就找了最近的修车厂，一检查发现——胎果然瘪了。我的运气很好，第二天就预约到了装新胎的时间，才让我能安全抵达目的地。这对我是一个积极的体验，我自己因为日常的其他事忙昏了头，而我的更高自我在保护我的安全。

直觉面前我们往往非常冷静、头脑清晰，但突然出现了无法抗拒的念头，像是取消航班、拒绝工作邀约、给家里某个人打电话或是取消婚礼。有时也会是一种强烈的感觉，例如悲伤、告别或渴望在向我们低语。很多人都在有明显迹象之前就已经凭直觉感觉到自己的伴侣出轨或想分手了。

也许直觉背后是全知全能的更高自我，它已经偷窥到了未来。未来存在于量子空间里的现在之中，根据我们的选择而改变。

直觉激活时，更高自我的超智会警告我们哪些决定是错误的、让我们有机会改正，甚至挽救我们的生命，或是让我们的人生走向完全不同的方向。在找工作或选择伴侣时你可能还记得一些直觉时刻：某个意识像闪电一样击中了你，你突然就清晰地知道问题该如何解决了。

艺术创作、发明、做未来决策或体能上挑战自我时，直觉也会帮助我们。有一些人在意识觉醒之后豁然开朗，仿佛"下载"了升级包。他们突然之间毫不费力地就懂了更多，甚至看到了未来。这时就需要把瞬间涌入的信息好好写下来，慢慢消化。

想一想你的直觉能带来多少宝贵财富，它一次次出现，这是多么美妙的礼物。

心灵空间冥想

想要找到更高自我，冥想或深度放松是非常好的方法。安静闭关的时候、独自感知自然的时候或是无限拓展意识的时候，我们都更容易接触到更高自我。反之，电子产品的干扰、大城市中的喧嚣和与大自然的疏离都会阻碍我们找到更高自我。

冥想可以带给你平静，让你潜入心间，找到更高自我。

找一个安静的地方端正地坐下来，双脚平放在地面上。这样你就能找到锚点，和谐统一。接下来，在呼吸中把注意力集中在心脏的位置。用胸腔深呼吸。

让自己随着呼气释放紧张。每一次呼吸都要延展得更远。关注你的心脏中心是何感受。随着每一次呼气，轻轻地放下所有压力和想法。继续保持呼吸一段时间，让自己感受心被爱包围的感觉。

当你可以在轻柔的呼吸当中放松下来时，试着从心脏中心释放能量。

想象一下，你的意识如何让你沉入心间。这像是一场从头到心的旅程，从头脑思维进入到心脏意识。我们平时的注意力总在眼睛上，因为我们需要不断地阅读、看电影、用电脑，所以改变意识焦点可能会很困难。所以你要让自己完全放松，放下所有期望，放下所有想要表现的压力。想象你的心脏正在胸口跳动，邀请你回家。你的内心藏着一个黑色的小洞穴，为你庇护。就像小时候我们常喜欢用毯子搭成山洞，然后缩在里面躲起来。现在继续想象，你随意识轻柔地潜入心房。

让自己躲在心脏空间的黑暗之中感受安全和保护，就像我们还在子宫中的胚胎阶段一样。感受你的心跳和生命节律，感受心间的神圣。它不仅仅是一个器官，更是你神圣自我的家，是神圣火花被供奉的地方，给你生命的力量。你和你的意识一起在心房中漫步，也许你能看到一些图像、符号或是更高自我的亮光。有时，更高自我就会像火苗、像宝石一样突然出现。

走进心的最深处，你可以开始问自己问题，更高自我会告诉你答案。而答案就会像直觉一样自动显现出来，或是想法，或是感觉，也可能是一些来自内心的图像。感受一下更高意识给你的答案是否充满了爱、信心、信任和欣赏。

当你准备好了，就可以结束冥想。感谢你的更高自我，然后深吸一口气，睁开眼睛。

表 7-1　不同意识状态的能量值及表现

躯体健康和幸福感	更高自我的良性循环	能量值	高频自爱
	极值体验	1000	充盈
	更高意识	999	能够给予
心灵意识的高级品质	流动	599	我们渴望回到的原始健康状态
	感恩	444	
	爱的振动	333	
	内心和平	120	
	宽恕	100	
	放下	80	
	接受	70	
	坦诚	60	
关键点	悲伤、徒劳、脆弱	0	不再抗争
受伤的内在小孩，即"自我"	欲望、瘾	−20	生存策略
	攻击性	−30	
	愤怒、报复	−40	意识破碎
	负罪感	−50	
	恐惧	−60	
负面暗示，自我批评	羞耻	−70	内心阴影、未解决的痛苦与创伤
	受害者心态、软弱	−80	
	自我攻击	−90	
	自我毁灭	−100	
心理或精神疾病、负面情绪、压力	**低频的恶性循环**		**低频、缺少自爱、失去活下去的意志**

　　这个图表描述了所有可能的意识状态，也能帮你概览从自我通向更高自我的旅程。

　　我们都会渴望更好的心理状态，如爱、内在和平、感恩或连结。我们喜欢意识流带来的创造力，也都觉得愤怒、内疚或羞愧是负面的，也是负担。作为人，我们都不愿意体会负面情绪，只想拥有积极情绪。

为了打破自我的硬壳，我们对待脆弱和悲伤要有爱的手段。在我眼中，自我从来没有真正的"负面"，一切都只是内在小孩受伤后的表达。创伤性经历、痛苦的失望和情感伤害都可能让内在小孩支离破碎，也就是我在本书中称为"阴影"的分裂意识。

单纯想要摆脱负面情绪和想法并不能解决问题。所以如果我们只练习"积极思维"是不够的，更需要英雄般的勇气面对恐惧、羞耻、无助和攻击性，用自爱救赎它们，而不是被迫深陷其中。这一点我怎么强调都不为过：准备好面对悲伤和放手才是通向心灵意识的关键。

在此时放弃抗争似乎是向命运投降了，因为社会教导我们要战斗、要有坚强的意志力。但允许自己悲伤并不是软弱。真正坦诚，你才能第一次看到自己的本质，即爱、感恩、平和。

良性循环的尽头是意识状态的顶峰，也会被称为开悟、合一或极值体验。我们会感到彻底从自我、恐惧和世俗的桎梏中解放出来。像是大海中的一滴水，在极值的体验中和宇宙融为一体，但仍能感受到自己的个人意识。也有人把这种状态称为海洋意识。

很多人都希望可以永远处于更高意识的状态，但这是不可能的。他们其实是想躲避脆弱的负面情绪。但是我们必须面对现实，自己不可能永远积极。生活的压力、悲伤的失去、全球的动荡随时都可能把我们从心房抛回低谷，让我们再次感到恐惧与无助。但这是正常的，也是符合人性的。但只要你体验过从内心枷锁中冲破的感受，就总能再次敞开心扉，回到良好稳定的意识状态。

正如我在"抑郁还是心灵的黑夜"一节中所写，很多精神朝圣者都经历过在体验精神顶峰后坠入黑夜，然后开始抑郁。永远保持积极高昂的意识状态恐怕是很难的。但人们会上瘾，继续寻找幸福和下一次刺激。所以我们不需要不停地追求更高，也要满足于简单的普通状态。

如果一个人在短时间内大悲大喜，一会儿"欲与天公试比高"，一会儿又"伤心欲绝"，那么可能是双向情感障碍或是边缘综合征。他们的情绪难以控制，非常不稳定。所以无论何时我们都不应该强行改变自己的意识状态，而应该始终谨慎、温和、小心地去处理。还有很多人通过药物去体验极致的快乐，但因此开启了地狱之旅。所以我也要建议大家谨慎，没有必要强迫自己的意识进化。温柔和耐心能让我们在长期内取得稳定的成果，对自己满意，而不需要强颜欢笑。用爱呵护意识中的阴影和碎片可以帮助我们彻底治愈长期的消极情绪，比如攻击性、无力感或愤怒。

仪式：更高自我附身的散步

最后我想邀请你做一个步行冥想。选择一个美丽的地方散步，森林、河岸或是安静的公园都可以。让自己慢慢地边走边冥想。想象一下，如何通过每一步体现你更高的神圣自我。深呼吸，想象一下成为完美的它之后感觉如何。在散步中具象化出来，呼吸爱、感恩、平和、灵感、流动、信任、灵性、智慧、创造力、生命之喜、联结、宇宙的无限知识和神秘学，让你自己像星星一样闪耀。

继续放松，保持坦诚，听更高自我的灵感与声音。想象一下，它未来将一点点融入你的生活，你会有多么积极的变化？让自己在这一刻放下自我怀疑、恐惧和自卑，专注于真实的自我，专注于你本来的样子！感受这种具象化的力量，每走一步，你的生活就会拥有更多美好品质。

本书到这里就结束了，但你的旅程还没有结束。我很高兴我们一起走了这么远，也希望你在读完这本书之后感到更加的坦率、自信、踏实、快乐。每一个重新与心交流的小步骤都是宝贵的治愈时刻。我们借此重新触碰到自己的自然之美、我们智慧的灵魂。

如果你想，可以用这些问题做个结尾：

- 你从本书中获得了哪些"顿悟"和洞察？
- 是什么能帮你更好地敞开心扉、放下过去、重新感受到内在小孩的活力？
- 哪个关键点帮你用爱接纳了自己和过去的经历？
- 书中哪部分对你挑战最大？但它又能为你带来什么宝贵财富？
- 在阅读的哪个瞬间，你忍不住笑了，看到了自己？
- 现在你对父母有什么新的观感？

致谢

　　我由衷地感谢我的丈夫阿诺（Arno），多年以来他永远是我每一本书的忠实读者、专业顾问和谈话伙伴。谢谢你对我的信任，因为你我才知道爱是真实存在的，而不是粉红色的泡沫。

　　我要感谢所有多年来一直跟随我的旅程并不断向我提出有趣问题的读者；还要感谢我的课程及研讨会的参与者，他们向我展示了他们对生活的看法，总是带给我新的灵感，为我的文章增添养分。

　　由衷感谢卡罗琳·科尔斯曼（Caroline Colsman）鼓励我写这本书，给予我充分的信心。还想对我的编辑安妮特·吉利希·贝尔茨（Annette Gillich-Beltz）说声谢谢，是她的建议和想法为这本书增光添彩。

图书在版编目（CIP）数据

自爱的力量 / (德) 西尔维娅·哈尔克著; 张林夕译 . -- 北京 : 北京时代华文书局 , 2024.7
ISBN 978-7-5699-5010-6（2025.7 重印）

Ⅰ . ①自… Ⅱ . ①西… ②张… Ⅲ . ①心理学—通俗读物 Ⅳ . ① B84-49

中国国家版本馆 CIP 数据核字 (2023) 第 151978 号

Die Kraft der Selbstliebe: Ganz bei sich ankommen – Vertrauen ins Leben finden – liebevolle Beziehungen führen
by Sylvia Harke
© 2021 by Kailash
A division of Penguin Random House Verlagsgruppe GmbH, München, Germany.

北京市版权局著作权合同登记号　图字：01-2022-4704

ZIAI DE LILIANG

出 版 人：陈　涛
策划编辑：薛　芊
责任编辑：薛　芊
封面设计：WONDERLAND Book design
　　　　　仙境 QQ:344581934
版式设计：迟　稳
责任印制：刘　银

出版发行：北京时代华文书局 http://www.bjsdsj.com.cn
　　　　　北京市东城区安定门外大街 138 号皇城国际大厦 A 座 8 层
　　　　　邮编：100011　电话：010-64263661　64261528
印　　刷：河北京平诚乾印刷有限公司
开　　本：880 mm×1230 mm　1/32　　成品尺寸：145 mm×210 mm
印　　张：8.75　　　　　　　　　　　字　　数：206 千字
版　　次：2024 年 7 月第 1 版　　　　印　　次：2025 年 7 月第 2 次印刷
定　　价：78.00 元